高职高专“十二五”规划教材
国家骨干高职院校建设“冶金技术”项目成果

锌的湿法冶金

主编　胡小龙　王晓丽

北　京
冶　金　工　业　出　版　社
2013

内 容 提 要

本书共分九章，基本涵盖了湿法炼锌的全部工艺过程，内容包括锌冶金基础知识、锌精矿焙烧、湿法炼锌的浸出过程、硫酸锌浸出液的净化、综合回收、硫酸锌溶液的电解沉积、阴极锌熔铸、电炉锌粉及制酸等方面。

本书可作为高职高专院校冶金及相关专业的教学用书，或作为企业职工培训教材，也可供有关人员参考。

图书在版编目(CIP)数据

锌的湿法冶金/胡小龙，王晓丽主编. —北京：冶金工业出版社，2013.12

高职高专“十二五”规划教材. 国家骨干高职院校建设“冶金技术”项目成果

ISBN 978-7-5024-6544-5

Ⅰ.①锌… Ⅱ.①胡… ②王… Ⅲ.①炼锌—湿法冶金—高等职业教育—教材 Ⅳ.①TF813.032

中国版本图书馆 CIP 数据核字（2014）第 030487 号

出 版 人 谭学余
地　　址 北京北河沿大街嵩祝院北巷 39 号，邮编 100009
电　　话 (010)64027926 电子信箱 yjcbs@cnmip.com.cn
责任编辑 陈慰萍 美术编辑 杨 帆 版式设计 葛新霞
责任校对 禹 蕊 责任印制 牛晓波
ISBN 978-7-5024-6544-5
冶金工业出版社出版发行；各地新华书店经销；北京百善印刷厂印刷
2013 年 12 月第 1 版，2013 年 12 月第 1 次印刷
787mm×1092mm 1/16；11 印张；259 千字；159 页
24.00 元

冶金工业出版社投稿电话：(010)64027932 投稿信箱：tougao@cnmip.com.cn
冶金工业出版社发行部 电话：(010)64044283 传真：(010)64027893
冶金书店 地址：北京东四西大街 46 号(100010) 电话：(010)65289081(兼传真)

内蒙古机电职业技术学院
国家骨干高职院校建设“冶金技术”项目成果
教材编辑委员会

序

2010年11月30日我院被国家教育部、财政部确定为“国家示范性高等职业院校”骨干高职院校立项建设单位。在骨干院校建设工作中，学院以校企合作体制机制创新为突破口，建立与市场需求联动的专业优化调整机制，形成了适应自治区能源、冶金产业结构升级需要的专业结构体系，构建了以职业素质和职业能力培养为核心的课程体系，校企合作完成专业核心课程的开发和建设任务。

学院冶金技术专业是骨干院校建设项目之一，是中央财政支持的重点建设专业。学院与内蒙古大唐国际再生资源开发有限公司共建“高铝资源学院”，合作培养利用高铝粉煤灰的“铝冶金及加工”方向的高素质高级技能型专门人才；同时逐步形成了“校企共育，分向培养”的人才培养模式，带动了钢铁冶金、稀土冶金、材料成型等专业及其方向的建设。

冶金工业出版社集中出版的这套教材，是国家骨干高职院校建设“冶金技术”项目的成果之一。书目包括校企共同开发的“铝冶金及加工”方向的核心课程和改革课程，以及各专业方向的部分核心课程的工学结合教材。在教材编写过程中，面向职业岗位群任职要求，参照国家职业标准，引入相关企业生产案例，校企人员共同合作完成了课程开发和教材编写任务。我们希望这套教材的出版发行，对探索我国冶金职业教育改革的成功之路，对冶金行业高技能人才的培养，能够起到积极的推动作用。

这套教材的出版得到了国家骨干高职院校建设项目经费的资助，在此我们对教育部、财政部和内蒙古自治区教育厅、财政厅给予的资助和支持，对校企双方参与课程开发和教材编写的所有人员表示衷心的感谢！

内蒙古机电职业技术学院　院长 张美清

2013年10月

前言

进入21世纪，我国有色金属工业持续稳定发展，锌工业的发展更是迅猛。现代锌冶炼生产工艺主要分为火法炼锌和湿法炼锌两大类。其中湿法炼锌的产量已占世界锌产量的85%以上。湿法炼锌主要由焙烧、制酸、浸出、净化、电积、熔铸等工序组成。与火法炼锌比较其主要优点是能耗低、环境卫生、劳动条件好，能够综合回收有价金属，金属回收率高，易于实现规模化、连续化、自动化生产。

由于我国经济发展对锌的需求逐年增长，炼锌工艺也在逐渐完善。经过多年的建设，生产锌金属的冶炼厂已遍布全国，这些工厂不仅基本掌握了国际上先进的炼锌方法，为我国炼锌工业的现代化奠定了基础，而且为我国的社会主义建设做出了重要的贡献。但是我们也清醒地认识到，我国的人均有色金属占有率仍然很低，除了资源严重短缺外，在核心技术创新、管理模式、管理水平、经营理念、总体设备水平、自动化程度、职工素质等多方面与世界水平还有一定的差距。我们必须继续奋斗，不断增强我国有色金属工业的国际竞争力。

本书根据职业技术学院有色冶金专业教学基础要求编写，是国家骨干高职院校建设“冶金技术”项目成果之一。全书突出职业技术教育培养技术应用型人才的特点，结合生产实际以学生必须掌握的锌冶炼（湿法）基础知识为依据，精选焙烧、浸出、净化、电解、阴极锌熔铸、综合回收、电炉锌粉及制酸的有关内容，并使之融会贯通，重点突出，便于自学。

本书由内蒙古机电职业技术学院胡小龙老师及包头钢铁职业技术学院王晓丽老师担任主编。在编写过程中，编者所在单位领导和同行给予了大力支持，其中孙志娟老师、王强老师、甑丽萍老师、贯锐军老师在资料收集及汇编方面给予很大的支持，编者深表谢意。兴安铜锌冶炼厂的技术人员对本书的编写也提供很大的帮助，在此表示感谢。

由于编者学识水平有限，书中不足之处欢迎读者批评指正。

编　者

2013年7月

目 录

1 锌冶金的一般知识

1.1 锌的性质和用途

锌是一种银白色金属，断面有金属光泽，在室温下呈脆性，在100~150℃有延展性。

锌属于重金属，原子序数为30，相对原子质量是65.4，20℃时的密度是7.13g/L，熔点是419.6℃。由于熔点低，流动性好，在浇铸时能充满模内很偏僻的角落，所以常作为精密铸件的原料。

液态锌的沸点是907℃。液态锌的蒸气压随温度的升高而迅速增加。在火法冶金中，氧化锌用碳还原的反应温度是1000℃，冶炼生成的挥发的锌蒸气通过冷凝得到锌。

锌在420℃与硫反应，在225℃与氧作用。硫化锌在空气中被氧化成氧化锌。氧化锌既能在高温被碳还原，又能溶解在稀硫酸中，因此硫化锌的氧化焙烧对于火法和湿法炼锌都是重要的冶炼前预处理工序。

锌的化学性质比较活泼，在室温干燥的空气中不起变化，但在潮湿而含有CO_2的大气中，锌的表面逐渐氧化成灰白色致密的碱式碳酸锌［$ZnCO_3 \cdot 3Zn(OH)_2$］薄膜层。锌的电位较铁负，能代替铁被腐蚀。因此锌被大量用于镀覆钢铁材料防止腐蚀。

锌是负电位金属，标准电位是-0.76V，广泛用于负极材料，如锌-二氧化锰干电池、锌-空气电池、锌-银蓄电池。

锌能与多种金属形成合金，主要是与铜形成黄铜，用于机械制造业；与铝、镁、铜等组成压铸合金，用于各种精密铸件。

锌在现代生活中是必不可少的金属。表1-1总结了锌的不同性能及其应用。2002年世界主要产锌国家的锌锭的产量是961.2×10^4t；主要锌消费量为921.2×10^4t。我国2002年的锌产量是210×10^4t，居世界首位；消耗量为165×10^4t。我国是世界上出口锌锭的主要国家。

表1-1 锌的性能及用途

性能	最初使用	最终使用
属负电性金属；抗腐蚀性能好，保护钢材免受腐蚀	热镀锌、电镀锌、喷镀锌、锌粉涂层、粉镀锌	建筑物、电力/能源、家具、农用机械、汽车和交通工具
熔点较低，熔体流动性好，易于压铸成型	压铸和重力铸造	汽车、家用设备、机械器件、玩具、工具等
系合金金属，易与其他金属形成不同性能的多种合金	黄铜（铜-锌合金）、铝合金、镁合金	建筑物、汽车、各种机械装置的零部件、工具等
成型性和抗腐蚀性好	轧制锌	建筑物
电化学性能	电池：锌-二氧化锰干电池、锌-空气电池、锌-银蓄电池	汽车/交通运输工具、计算机、医用设备、家用电器

续表 1-1

性　能	最 初 使 用	最 终 使 用
形成多种化合物	氧化锌、硬脂肪酸锌	橡胶、轮胎、颜料、陶瓷釉料、静电复印纸
	硫化锌	颜料、荧光材料
	硫酸锌	食品工业、动物饲料、木材、肥料、制革、医药、纸浆、电镀
	氧化锌	医药、染料、焊料、化妆品

1.2　锌的矿物资源和炼锌原料

锌在地壳中的平均含量为0.005%。据美国地质局统计，2011年世界锌资源量约为19亿吨、探明储量为2.5亿吨。储量较多的国家有澳大利亚、中国、美国、加拿大、秘鲁和墨西哥等国。我国锌矿储量居世界第一位，2012年保有储量为1.2亿吨。

锌矿石按其所含的矿物种类的不同可分为硫化矿和氧化矿两类。在硫化矿中，锌主要以闪锌矿（ZnS）或铁闪锌矿（nZnS · mFeS）形态存在；在氧化矿中，锌多以菱锌矿（$ZnCO_3$）和异极矿（$Zn_2SiO_4 \cdot H_2O$）的形态存在。自然界中，锌的氧化矿一般是次生的，是硫化锌矿长期风化的结果。目前，炼锌的主要原料是硫化矿，氧化矿仅为其次。

锌的矿物以硫化矿为最多，单一硫化矿极少，多与其他金属硫化矿伴生形成金属矿，有铅锌矿、铜锌矿、铜锌铅矿等。这些矿除含有主要矿物铜、铅、锌外，还常含有银、金、砷、锑、镉、锗等有价金属。硫化矿含锌8.8%~17%，氧化矿含锌约10%，而冶炼要求锌精矿（见图1-1）含锌45%~55%（见表1-2），因此一般采用优先浮选法对低品位金属含锌矿物进行选矿，得到符合冶炼要求的各种金属的精矿。

氧化锌矿的选矿比较困难，目前的应用多以富矿为对象，一般将氧化锌矿经过简单选别进行少许富集，或用回转窑或烟化炉挥发处理，以得到富集的氧化锌物料。含锌品位较高的氧化矿（30%~40%Zn）可以直接冶炼。

此外，炼锌原料有含锌烟尘、浮渣和锌灰等。氧化锌烟尘主要有烟化炉烟尘和回转窑还原挥发的烟尘。

图1-1　锌精矿

表 1-2　锌精矿的质量标准

品　级	Zn 质量分数（不小于）/%	杂质质量分子数（不大于）/%				
		Cu	Pb	Fe	As	SiO_2
一品级	55	0.8	1.0	6	0.2	4.0
二品级	50	1.0	1.5	8	0.4	5.0
三品级	45	1.0	2.0	12	0.5	5.5
四品级	40	1.5	2.5	14	0.5	6.0

注：1. 锌精矿中银、硫为有价元素，应报分析数据；
2. 锌精矿中镉、氟质量分数应分别不大于 0.3%，锡质量分数应不大于 0.1%，镍和锗质量分数要求，由供需双方商定；
3. 四品级铁闪锌矿含铁允许量不大于 18%。

1.3　锌的生产方法

现代炼锌方法分为火法炼锌与湿法炼锌两大类。

1.3.1　火法炼锌

火法炼锌包括焙烧、还原蒸馏和精炼三个主要过程，主要有平罐炼锌、竖罐炼锌、密闭鼓风炉炼锌及电热法炼锌。

（1）平罐炼锌和竖罐炼锌：都是间接加热，存在能耗高、对原料的适应性差等缺点，因此平罐炼锌几乎被淘汰，竖罐炼锌也只有为数很少的工厂采用。

（2）电热法炼锌：虽然直接加热但不产生燃烧气体，也存在生产能力小、能耗高、锌直收率低的问题，因此发展前途不大，仅适于电力便宜的地方使用。

（3）密闭鼓风炉炼锌：具有能处理铅锌复合精矿及含锌氧化物料，在同一座鼓风炉中可生产出铅、锌两种金属，采用燃料直接加热，能量利用率高的优点，是目前主要的火法炼锌方法，产锌量占锌总产量的 10%左右。

1.3.2　湿法炼锌

湿法炼锌包括传统的湿法炼锌和全湿法炼锌两类。湿法炼锌由于资源综合利用好，单位能耗相对较低，对环境友好程度高，是锌冶金技术发展的主流，目前其产量占世界锌总产量的 80%以上。

传统的湿法炼锌实际上是火法与湿法的联合流程，是 20 世纪初出现的炼锌方法，包括焙烧、浸出、净化、电积和熔铸五个主要阶段。一般新建的锌冶炼厂大都采用湿法炼锌，其主要优点是有利于改善劳动条件，减少环境污染，有利于生产连续化、自动化、大型化和原料的综合利用，可提高产品质量，降低综合能耗，增加经济效益等。

全湿法炼锌是在硫化锌精矿直接加压浸出的技术基础上形成的，锌精矿中的硫以元素硫的形式富集在浸出渣中另行处理。

湿法炼锌是在低温（298~523K）及水溶液中进行的一系列冶金作业。湿法炼锌过程是以稀硫酸为溶剂溶解含锌物料中的锌，使锌尽可能全部地溶入溶液中，得到硫酸锌溶液，再对此溶液进行净化以除去溶液中的杂质，然后从硫酸锌溶液中电解析出锌，电解析出的锌再熔铸成锭。

与火法相比，湿法炼锌具有产品纯度高、金属回收率高，综合利用好，劳动条件好，环境易达标，过程易于实现自动化和机械化等优点。

习　题

1-1 锌为什么能用于镀覆钢铁材料防止腐蚀？

1-2 锌的用途有哪些？

1-3 简述锌的冶炼方法。

2 锌精矿的焙烧

2.1 硫化锌精矿流态化焙烧的基本原理

2.1.1 锌精矿焙烧的目的与要求

根据湿法炼锌的工艺原理，湿法炼锌焙烧硫化锌精矿的目的主要是使锌精矿中的 ZnS 绝大部分转变为 ZnO，少量为 $ZnSO_4$，同时尽可能完全地除去砷、锑等杂质。具体说来其要求有五点：

（1）在湿法炼锌中，由于硫化锌在一般条件下不能直接用稀硫酸进行浸出，所以焙烧时，要尽可能完全地使 ZnS 转型，使其绝大部分氧化成为可溶于稀硫酸的 ZnO。不过为了补偿冶金过程中 H_2SO_4 的机械损失和化学损失，仍要求焙烧矿中有适量的、可溶于水的 $ZnSO_4$。生产实践证明，一般浸出流程，只要使焙烧矿中含有 2.5%~4% 的 $ZnSO_4$ 形态的硫就可以补偿冶金过程中 H_2SO_4 的损失，并不希望过多，否则会导致冶金过程中硫酸根的过剩，影响正常生产的进行和增加原材料的消耗。

（2）使砷、锑氧化成挥发性的氧化物除去，同时除去部分铅，以减轻浸出、净化工序工作量。

（3）使炉气中的 SO_2 浓度尽可能地高，以利于制造硫酸。

（4）焙烧得到细小粒子状的焙烧矿，以利于下一步浸出，即不希望有烧结现象发生。

（5）在焙烧时应尽可能地少产生铁酸锌和硅酸锌。因为铁酸锌不溶于稀硫酸，导致锌的浸出率降低；硅酸锌虽然能溶于稀硫酸，但溶解后会产生胶体状的二氧化硅，影响浸出矿浆的澄清与过滤。

处理块状硫化矿的焙烧最早是采用堆式焙烧，后改为竖炉焙烧。随着原矿品位的降低和浮选的迅速发展，炼锌厂处理的原料，都是粉末状的锌精矿，这就迫使采用符合精矿焙烧特点的焙烧炉。

2.1.2 焙烧的固体流态化技术

硫化锌精矿的焙烧曾采用过反射炉、多膛炉、复式炉（多膛炉与反射炉的结合）、漂浮焙烧炉，目前主要采用流态化焙烧炉。

流态化焙烧是一种强化焙烧过程的新方法。锌精矿的流态化烧结是固体流态化技术在炼锌工业中的具体应用。流态化焙烧炉具有热容量大且热场分布均匀、炉内各种处温差小、反应速度快、焙烧强度高、操作简单、固-气之间传热传质量率高等优点，因而焙烧过程被大大强化。流态技术最早于 1944 年首先用于硫铁矿的焙烧，以后在有色金属工业中推广，从 20 世纪 50 年代起迅速在炼锌厂中得到推广和应用，成为当前生产中的主要焙烧设备。

流态化焙烧的理论基础是固体流态化。当气体通过固体料层的速度不同时，可将料层变化分为三种状态；即固定床、膨胀床及液态化床、如果在玻璃管内盛装固体粒子物料，管底具有孔眼，由管底孔眼向上料层喷吹风时，随着气流速度的变化，管内固体粒子呈现图 2-1 所示的不同状态。根据实验数据，把气流的直线速度和气体通过床层的压力降都取对数值，以纵坐标表示压力降对数值，以横坐标表示直线速度对数值，则可得到图 2-2 所示曲线 *ABCDE*。曲线 *AB* 端表示固定床，这时固体粒子不发生运动，粒子间的接触不分开，料层总体也不发生变化，上升气体仅从粒子间空隙通过，如图 2-1（a）所示。由图 2-2 可知，每一个直线速度有一个相应的压力降。压力降随着直线速度加大而增大。此压力降产生的原因是由于气体与固体之间存在的摩擦力以及气体通过的路线曲折变化，时而膨胀，时而收缩，造成能量损失所致。当继续增大直线速度到 *B* 点时，床层的压力降等于单位床层面积上物料的有效重量，于是粒子开始移动，部分接触点发生破坏又重新建立，料层开始膨胀使体积增大。*B* 点是使固体粒子开始移动的最小速度，此速度称作临界速度。此时床层呈不稳定状态，如同水接近与沸腾时期。气体直线速度过 *B* 点后再继续增大时，压力降的上升变得较为平稳，到 *C* 点压力降达最大值，此时料层上部的粒子开始彼此分离，离开料层呈漂浮状态，料层的体积增大 5%～10%。再继续增大气体的直线速度时，由于粒子彼此逐渐分离，空隙增加，阻力变小，因而压力降开始减小。到 *D* 点时固体粒子完全呈悬浮状态即流态化，这时的料层称作流态化床。过 *D* 点在增大直线速度，压力降就保持一定值，不再随气体的直线速度变化而变化。气体的直线速度继续增大至 *E* 点后，则可以使浓相完全变为稀相，如图 2-1（b）所示，即把固体粒子完全吹走。使固体粒子完全被气体带走的直线速度称作为最大速度。从上述分析可知：图 2-1（a）和图 2-2 中的 *AB* 段为固定床；图 2-1（b）和图 2-2 中 *BCD* 段为膨胀床；图 2-1（c）和图 2-2 中的 *DE* 段为流态化床。

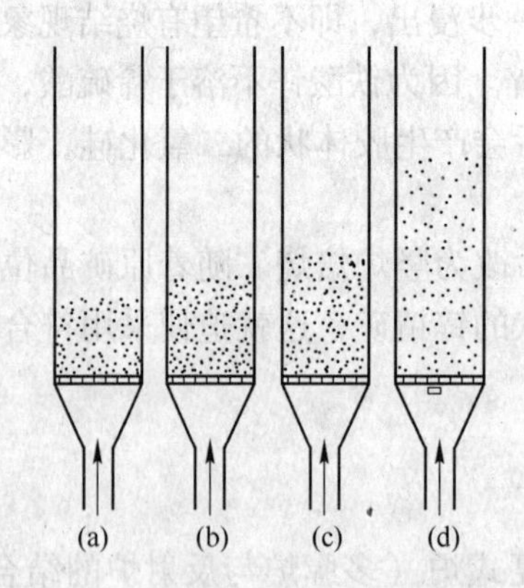

图 2-1　吹风速度对炉料层状态影响

（a）固定床；（b）膨胀床；
（c）流态化床；（d）炉料被吹走

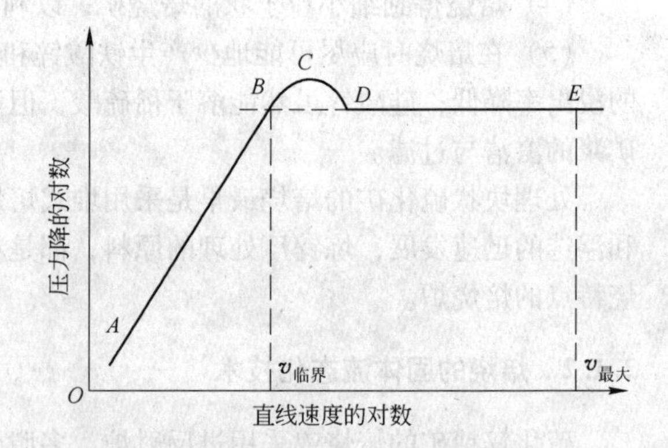

图 2-2　直线速度与床层压力降的关系图

2.1.3　硫化锌精矿焙烧的主要反应

因为焙烧是在原料和产物熔点温度以下进行的一种化学反应，故工业上焙烧硫化锌精矿是将锌精矿在高温下与空气中的氧相互作用，属于氧化反应过程。我们知道，锌精矿中几乎所有硫化物的氧化反应的标准吉布斯自由能变化都是负值，而且硫化物焙烧是个放热过程，故工业上硫化锌精矿焙烧均能自热进行。

焙烧过程是复杂的，生成的产物不尽一致，可能有多种化合物同时并存。一般来说，硫化锌精矿的氧化反应主要有以下四种：

（1）硫化物氧化生成硫酸盐。

$$MeS+2O_2 \Longrightarrow MeSO_4$$

（2）硫化物氧化生成氧化物。

$$MeS+1.5O_2 \Longrightarrow MeO+SO_2$$

（3）金属硫化物直接氧化生成金属。

$$MeS+O_2 \Longrightarrow Me+SO_2$$

（4）硫酸盐离解。

$$MeSO_4 \Longrightarrow MeO+SO_3$$

$$SO_3 \Longrightarrow SO_2+0.5O_2$$

此外，在硫化锌精矿中，通常还有多种化合价的金属硫化物，其高价硫化物的离解压一般都较高，如 FeS_2 离解压在700℃时为505kPa，故极不稳定，焙烧时高价态硫化物离解成低价态的硫化物，然后再继续进行其焙烧氧化反应过程。

当然，精矿中某种金属硫化物氧化过程的反应方式和产物并不是一成不变的，它决定于金属元素的性质和焙烧过程中的具体条件。因此，锌精矿中各种金属硫化物焙烧的主要产物是 MeO、$MeSO_4$ 以及 SO_2、SO_3、O_2，此外还可能有 $MeO \cdot Fe_2O_3$，$MeO \cdot SiO_2$ 等。究竟焙烧过程按哪种反应进行，各反应的反应速率如何，焙烧的最终产物是什么，这些问题在焙烧条件一定时，可由热力学分析和动力学研究解决。

2.1.3.1 硫化锌

锌在锌精矿中以闪锌矿（ZnS）或铁闪锌矿（nZnS · mFeS）形态存在，其焙烧反应是比较复杂的过程，可能的反应类型也比较多。在湿法炼锌工业焙烧的条件下其主要反应有：

$$ZnS+2O_2 \Longrightarrow ZnSO_4 \tag{2-1}$$

$$3ZnSO_4+ZnS \Longrightarrow 4ZnO+4SO_2 \tag{2-2}$$

$$2SO_2+O_2 \Longrightarrow 2SO_3 \tag{2-3}$$

$$ZnO+SO_3 \Longrightarrow ZnSO_4 \tag{2-4}$$

焙烧开始时按上述反应式（2-1）、式（2-2）进行，反应产生的二氧化硫在有氧气存在的条件下，继续氧化成三氧化硫，即按反应式（2-3）进行。

反应式（2-3）为可逆反应，在温度低于500℃时反应向右进行，温度高于600℃时反应向左进行，故在沸腾焙烧过程中焙烧温度均在850℃以上，实际上气相中的三氧化硫是很少的。

反应式（2-4）表明，当气相中有 SO_3 存在时，氧化锌才生成为硫酸锌。而硫酸锌在高温时又分解为氧化锌和三氧化硫，温度在800℃以上时分解十分剧烈。硫酸锌生成的条件及数量，取决于焙烧温度及气相成分，即温度低、SO_3 浓度高时，形成的硫酸锌就多；当温度高、SO_3 浓度低时，硫酸锌发生分解，趋向于形成氧化锌。

由上述硫酸锌与氧化锌生成的条件可知，氧化焙烧与硫酸化焙烧在操作上的基本区别是：

（1）硫酸化焙烧的温度（850~900℃）比氧化焙烧的温度（1050~1100℃）要低。

（2）硫酸化焙烧所产生的炉气中，SO_3的浓度要比氧化焙烧时高，所以硫酸化焙烧时要求供给较大的过剩空气量，以强化焙烧过程。

（3）硫酸化焙烧要求炉气与炉料接触良好，并要求炉料在炉内停留时间较长。

总之，硫化锌在850~900℃的温度下进行焙烧，大部分生成氧化锌（ZnO）和少量的硫酸锌（$ZnSO_4$）、硅酸锌（$ZnO \cdot SiO_2$）、铁酸锌（$ZnO \cdot Fe_2O_3$），还有少量的硫化锌未被氧化。

2.1.3.2 硫化铅

铅在锌精矿中主要以硫化铅（PbS）形态存在。硫化铅又叫方铅矿，它在焙烧时按下列反应式进行反应。

$$PbS+2O_2 = PbSO_4$$

$$3PbSO_4+PbS = 4PbO+4SO_2$$

$$PbO+SO_3 = PbSO_4$$

硫化铅在焙烧过程的行为与硫化锌相似，所形成的硫酸铅在800℃以上时大量分解为氧化铅。

硫化铅的熔点约为1120℃，熔化后具有很好的流动性，进入炉子的砖缝中。硫化铅在600℃时开始挥发，800℃时大量挥发，当硫化铅挥发到炉子上部及炉气管道中时又被氧化成氧化铅。而氧化铅要在900℃时才大量挥发，所以硫酸化焙烧脱铅率低。

氧化铅是一种很好的助熔剂，它能与许多金属氧化物形成低熔点共晶化合物，如硅酸铅（$PbO \cdot SiO_2$）、铁酸铅（$PbO \cdot Fe_2O_3$）、铅酸钙（$CaO \cdot PbO_6$）、铅酸镁（$MgPbO_6$）。这些低熔点共晶化合物是极为有害的，它们在800℃左右就开始熔化，严重时引起炉料在沸腾炉中结块和在烟道中结块的现象，从而使操作恶化，焙烧脱硫不完全。因此要求配料时混合锌精矿含铅不超过2%。

总之，硫化铅在焙烧过程中多数生成氧化铅（PbO），只有极少量生成硫酸铅及低熔点共晶化合物。

2.1.3.3 硫化铜

铜在锌精矿中主要以辉铜矿（Cu_2S）、黄铜矿（$CuFeS_2$）、铜蓝（CuS）等形态存在。硫化铜熔点很高（1805~1900℃），在低温下（550℃）发生如下反应：

$$2Cu_2S+5O_2 = 2CuO+2CuSO_4$$

$$4CuFeS_2 = 2Cu_2S+4FeS+S_2$$

$$CuS+2O_2 = CuSO_4$$

所形成的硫酸铜，当温度高于700℃时发生如下分解：

$$5CuSO_4+3CuS = 4Cu_2O+8SO_2$$

$$4CuSO_4 = 2CuO \cdot CuSO_4+2SO_2+O_2$$

$$2CuO \cdot CuSO_4 = 4CuO+2SO_2+O_2$$

硫化铜在焙烧温度下发生如下氧化反应：

$$2Cu_2S+3O_2 = Cu_2O+SO_2$$
$$Cu_2S+2O_2 = 2CuO+SO_2$$
$$4CuS+5O_2 = Cu_2O+2SO_2$$
$$12CuFeS_2+35O_2 = 3Cu_2O+2Fe_3O_4+12SO_2$$

由此可见，铜的化合物在焙烧过程中的产物，主要是氧化铜（CuO）和氧化亚铜（Cu_2O），还有少量的硫酸铜（$CuSO_4$）、铁酸铜（$CuO \cdot Fe_2O_3$）及硅酸铜（$CuO \cdot SiO_3$）。

2.1.3.4 硫化镉

镉在锌精矿中以硫化镉（CdS）形态存在，并往往与铅、镁共生。在焙烧时硫化镉按下式进行氧化：

$$2CdS+3O_2 = 2CdO+SO_2$$

或

$$CdS+2O_2 = CdSO_4$$

硫化镉的挥发温度为980℃，高温焙烧时在炉子上部挥发，并在烟道中氧化成氧化镉（CdO）。所以在1050~1100℃的温度下进行高温氧化焙烧时，95%以上的镉挥发并氧化成氧化镉进入烟气系统，通过收尘净化，富集在烟尘中，这种烟尘可作为提镉的原料。

当温度较低时，即在850~900℃下进行硫酸化焙烧时，硫化镉氧化生成氧化镉（CdO）和硫酸镉（$CdSO_4$）。$CdSO_4$ 是十分稳定的化合物，只有在高于1000℃时才分解为 CdO 和 SO_3，而 CdO 要在高于1000℃以上时才能挥发。所以在硫酸化焙烧过程中，CdO 及 $CdSO_4$几乎得不到挥发而留在焙砂中，它们在浸出时与 ZnO 一起进入硫酸溶液，通过溶液净化得到富集的铜镉渣，作为提镉的原料。

2.1.3.5 砷、锑硫化物

砷在锌精矿中以毒砂（FeAsS）或硫化砷（As_2S_3）形态存在。锑以辉锑矿（Sb_2S_3）形态存在。砷、锑化合物在600℃时显著离解，在氧化气氛中极易氧化，反应式为：

$$2As_2S_3+9O_2 = 2As_2O_3+6SO_2$$
$$2Sb_2S_3+9O_2 = 2Sb_2O_3+6SO_2$$
$$2FeAsS+5O_2 = Fe_2O_3+As_2O_3+2SO_2$$

砷、锑的三氧化物是极易挥发的化合物，但在温度高、过剩空气量充足的情况下氧化成五氧化物，反应式为：

$$As_2O_3+O_2 = As_2O_5$$
$$As_2O_3+2SO_3 = 2As_2O_5+2SO_2$$
$$2As_2O_3+2Fe_2O_3 = 2As_2O_5+2FeO$$
$$Sb_2O_3+O_2 = Sb_2O_5$$
$$2Sb_2O_3+2SO_2 = 2Sb_2O_5+2SO_2$$
$$2Sb_2O_3+Fe_2O_3 = 2Sb_2O_5+4FeO$$

砷、锑的五氧化物是很难挥发的物质，在有氧化铅、氧化铁存在的情况下易生成砷、锑酸盐。

$$3PbO+As_2O_5 = Pb_3(AsO_4)_2$$

$$3FeO+As_2O_5 = Fe_3(AsO_4)_2$$

$$3PbO+Sb_2O_5 = Pb_3(SbO_4)_2$$

$$3FeO+Sb_2O_5 = Fe_3(SbO_4)_2$$

形成砷、锑酸盐后，砷、锑在焙烧过程中就很难除去。湿法炼锌过程中当原料含砷、锑过高时，砷、锑进入电积液中使电积过程产生“烧板”。故在焙烧时要求控制较低的温度和较少的过剩空气量，尽可能使砷、锑以挥发性氧化物进入烟气。在烟气收尘中，这些砷、锑氧化物大部分被收集在烟尘中。

2.1.3.6 硫化银

银在锌精矿中以辉银矿（Ag_2S）形态存在。硫化银在605℃时着火，并按下列反应氧化。

$$Ag_2S+2O_2 = Ag_2SO_4$$

$$2Ag_2S+3O_2 = 2Ag_2O+2SO_2$$

在锌焙烧温度下，硫化银被氧化时与别的金属硫化物不一样，生成的氧化银（Ag_2O）是一种极不稳定的化合物，易发生分解。

$$2Ag_2O = 4Ag+O_2$$

硫化银在焙烧时，在有大量 SO_3 存在的条件下生成硫酸银（Ag_2SO_4），其反应式如下：

$$Ag_2S+4SO_3 = Ag_2SO_4+4SO_2$$

生成的硫酸银在650℃左右时是稳定的，但在锌焙烧温度（850~900℃）时会按下式进行分解：

$$Ag_2SO_4 = 2Ag+SO_2+O_2$$

总之，硫化银在焙烧过程中，大部分生成金属银和硫酸银，同时由于氧化不完全，焙砂中仍有少部分的硫化银存在。

2.1.3.7 铟和锗

铟、锗在锌精矿中以硫化物或复合物形态存在，当焙烧温度在800~1100℃时变为氧化物，因为它难以被稀硫酸溶解，所以大部分留在浸出渣中，在处理浸出渣的过程中加以回收。

2.1.3.8 硫化铁

铁在锌精矿中一般以黄铁矿（FeS_2）、磁黄铁矿（Fe_2S）或铁闪锌矿（nZnS · mFeS）形态存在。铁的硫化物在焙烧温度800~1100℃时进行氧化，其反应为：

$$4FeS_2+11O_2 = 2Fe_2O_3+8SO_2$$

$$3FeS+5O_2 = Fe_3O_4+3SO_2$$

硫化铁在焙烧时也能被 O_2 和 SO_3 所氧化：

$$FeS+3SO_3 = FeO+4SO_2$$

$$3FeO+SO_3 = Fe_3O_4+SO_2$$

$$3FeS+5O_2 = Fe_3O_4+3SO_2$$

高价氧化铁也能与硫化铁作用：

$$16Fe_2O_3+FeS_2 = 11Fe_3O_4+2SO_2$$

$$10Fe_2O_3+FeS = 7Fe_3O_4+SO_2$$

综上所述，硫化铁焙烧得到大部分的三氧化二铁（Fe_2O_3）和少部分的四氧化三铁（Fe_3O_4）。由于氧化亚铁易氧化成高价铁，同时硫酸铁 $Fe_2(SO_4)_3$ 也极易分解，所以 FeO 及 $Fe_2(SO_4)_3$ 在焙烧产物中是少量的。另外，在焙砂中还有少量未氧化的 FeS 及 FeS_2 存在。

当焙烧温度高于 650℃，特别是在高温焙烧时，氧化锌与氧化铁生成铁酸锌，其反应式为：

$$ZnO+Fe_2O_3 = ZnO \cdot Fe_2O_3$$

铁酸锌是一种很难溶于稀硫酸的物质，在锌焙砂浸出过程中进入到浸出渣中，使锌的浸出率降低，并且导致锌的总回收率降低。所以锌精矿配料时，要求铁的含量不能太高，一般不超过 8%。为了减少铁酸锌的生成，在焙烧中可以采取加速焙烧作业，以减少在焙烧温度下氧化锌与氧化铁的接触时间。另外在焙烧允许的条件下，适当增大炉料的颗粒，缩小其接触面积，也可以减少铁酸锌的生成。

2.1.3.9 二氧化硅

在锌精矿中常含有大量的二氧化硅（SiO_2），有时高达 6%以上。在焙烧过程中它与金属氧化物（ZnO、FeO、PbO、CaO）接触时生成低熔点硅酸锌及其他硅酸盐，其反应应为：

$$ZnO+SiO_2 = ZnO \cdot SiO_2$$

$$PbO+SiO_2 = PbO \cdot SiO_2$$

所形成的硅酸盐，特别是硅酸铅（$PbO \cdot SiO_2$，熔点 726℃），能使炉料软化点降低，促使焙砂结块，阻碍焙烧的正常进行。硅酸锌及其他硅酸盐虽然能溶解于稀硫酸中，但此时生成的二氧化硅呈胶体状态进入溶液，造成浸出、澄清、过滤困难，所以在混合锌精矿中严格控制 SiO_2 的含量不超过 5%。

2.1.3.10 硫化汞

锌精矿中一般汞含量很少，主要以辰砂（HgS）的形态存在。与其他硫化物不同，在焙烧条件下 HgS 直接生成金属 Hg，而不是氧化物和硫酸盐。其反应为：

$$HgS+O_2 = Hg+SO_2$$

汞蒸气将进入到焙烧烟气中，在烟气净化中加以回收。

2.2 硫化锌精矿流态化焙烧的工艺及设备

流态化焙烧工艺流程要根据具体条件及要求而定，焙烧性质、原料、地理位置等因素不同，其选择的流程也不尽相同。

流态化焙烧工艺一般可分为四部分，即炉料准备及加料系统、炉本体系统、烟气及收尘系统和排料系统。图 2-3 和图 2-4 是兴安铜锌冶炼厂工艺流程图。

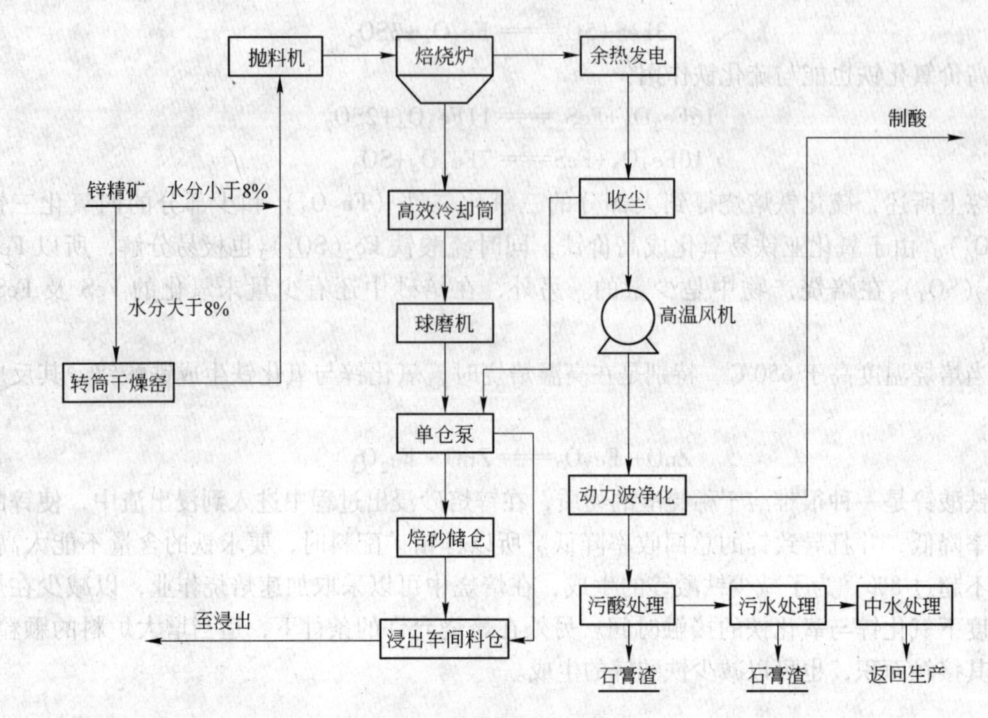

图 2-3 焙烧工艺方框图

2.2.1 锌精矿的配料

2.2.1.1 配料的目的

我国锌冶炼所用的锌精矿，是由多个矿山供给的，其主要元素及杂质的含量波动范围较大。而沸腾焙烧要求炉料的主要成分及杂质的含量均匀、稳定。

如果混合锌精矿各元素成分波动太大，则对沸腾焙烧及下一步湿法处理带来操作困难，并影响中间产品的质量。例如：锌品位低，不仅产量下降而且直接回收率也低；含硫不稳定，沸腾焙烧炉内的温度难以控制；水分太高，加料困难；水分太低，沸腾焙烧炉炉顶温度升高，烟尘率亦相对增高；含铅过高，易在炉内及冷却烟道形成结块，恶化操作过程；含铁太高，在焙烧时生成的铁酸锌就多，因为它不溶于稀硫酸中，从而会降低锌的浸出率；含硅高时，在焙烧时生成硅酸盐，浸出时产生胶体二氧化硅，严重影响浸出矿浆的澄清及过滤；含砷、锑过高，将导致电积过程“烧板”现象。

基于以上原因，锌精矿在焙烧之前，需要进行严格的配料。

2.2.1.2 配料方法

锌精矿的配料（见图 2-5），在我国的生产实践中，通常采用圆盘配料及堆式配料两种方法。

（1）圆盘配料法。圆盘配料就是采用圆盘给料机，将各种成分不同的精矿分别加入到各个圆盘给料机上的料仓中，根据确定的配料比例，用人工调节圆盘给料机的出口闸门来实现所要求的配料比例（见图 2-6）。为了保证配料准确，要求经常用皮带小磅秤进行测定。

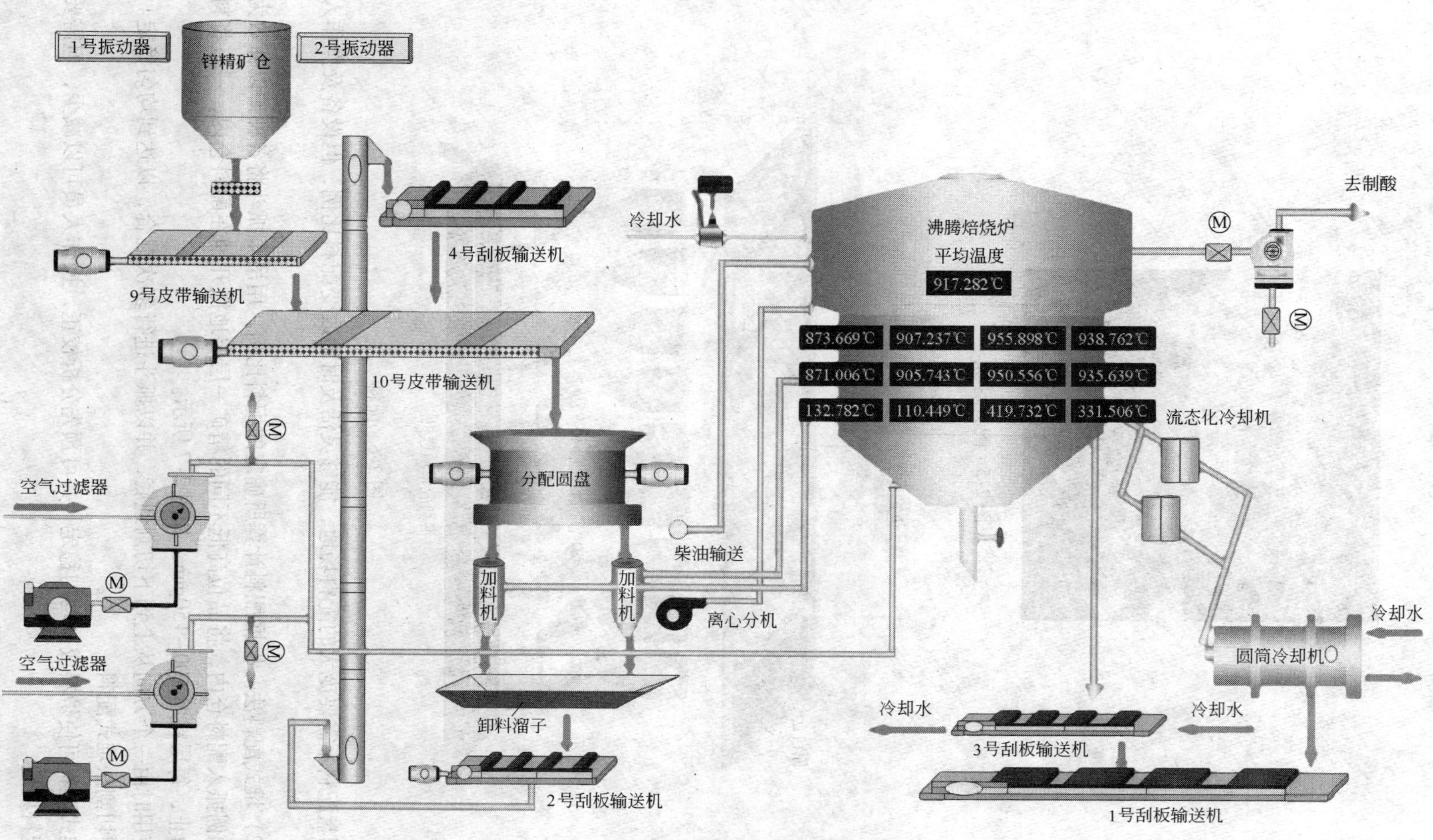
1号振动器
锌精矿仓
2号振动器
9号皮带输送机
4号刮板输送机
10号皮带输送机
冷却水
沸腾焙烧炉
平均温度
917.282℃
去制酸
873.669℃
907.237℃
955.898℃
938.762℃
871.006℃
905.743℃
950.556℃
935.639℃
132.782℃
110.449℃
419.732℃
331.506℃
流态化冷却机
空气过滤器
分配圆盘
柴油输送
加料机
加料机
离心分机
冷却水
圆筒冷却机
空气过滤器
卸料溜子
冷却水
冷却水
3号刮板输送机
2号刮板输送机
1号刮板输送机

图 2-4 焙烧工艺图

图 2-5　配料现场

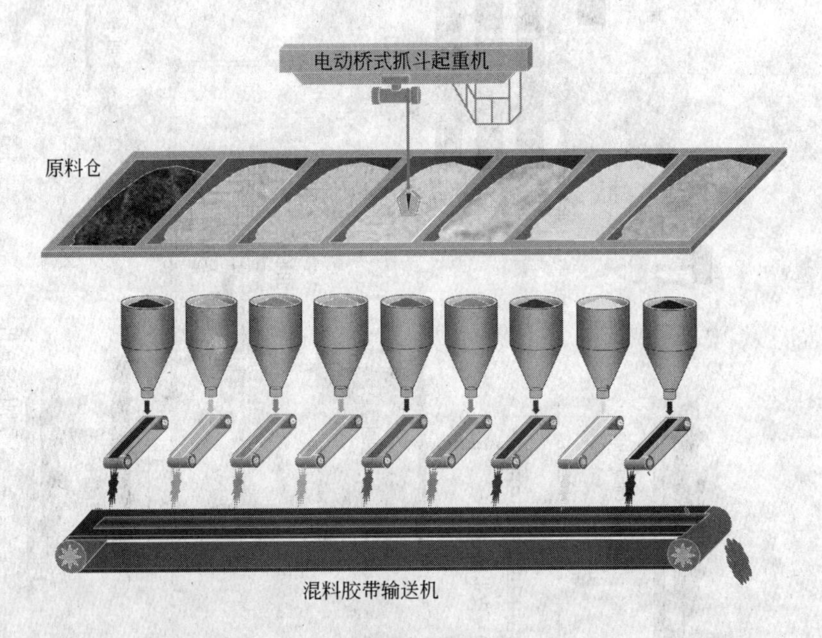

图 2-6　配料

圆盘配料不需要庞大的配料场地，能够灵活及时地改变配料比例，但设备及操作人员较多。

(2) 堆式配料法。根据配料计算所确定的配料比例，用吊车抓斗将各种矿以抓数为单位按比例抓入配料仓内，将品位高低不同的精矿一层层地撒开铺在配料仓内，一直将料仓堆满为止，每层料厚 100~150mm，如图 2-7 所示。

使用时由一个方向从上到下切割到底，并以抓斗进行多次混合，以达到均匀稳定。此法又叫切割法堆式配料。

堆式配料可使炉料成分均匀稳定，并可预先分析校正，操作人员可以减少，但需要较大的配料场地。

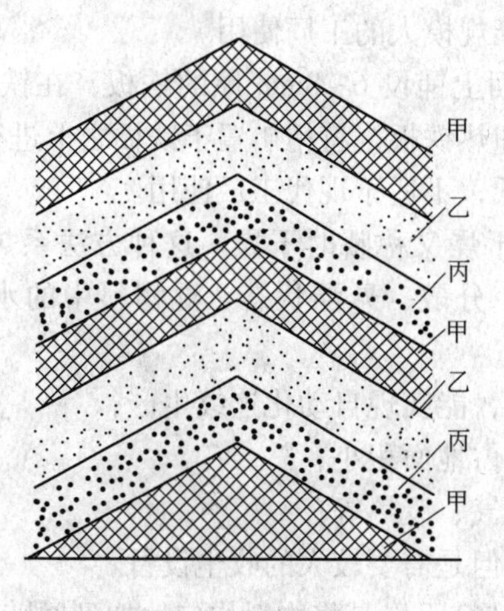

图2-7 堆式配料法

2.2.1.3 配料计算

配料计算的步骤如下：

(1) 根据配料计算前所掌握的情况进行分析，并初步假设一个配料比例。

(2) 将假定的配料比例乘以精矿中所含某元素成分的质量百分数，就等于精矿中该元素的质量。

(3) 将各种精矿中同一元素成分的质量相加，就得到混合锌精矿中该元素的总量。

(4) 根据计算结果，与混合锌精矿的质量标准相比较，经校正达到要求的配料比例。

2.2.2 锌精矿的干燥

2.2.2.1 锌精矿干燥的目的

浮选所得的锌精矿一般含水量在8%~15%，雨季运输的精矿水分还会增加。这种精矿不能直接进入沸腾炉焙烧。水分过高会使精矿成团而失去疏散性，焙烧不完全，易堵死前室。

锌精矿太湿，焙烧所产出的炉气含水蒸气亦高，当炉气温度降低到露点以下时，水蒸气与炉气中的SO_3结合生成酸雾，腐蚀管道及收尘设备。

实践证明，硫酸化焙烧的炉料根据沸腾炉的形式、容积及进料方式等不同，对含水的要求亦不相同，通常在8%~12%之间。

有前室的小型沸腾炉炉料含水通常为8%左右，用抛料机进料的大型沸腾炉炉料含水可高达12%。当进厂锌精矿含水超过8%时就要进行干燥。

2.2.2.2 锌精矿干燥的方法

锌精矿的干燥方法有自然干燥法、铁板干燥法、气流干燥法和回转窑干燥法。

(1) 自然干燥法。当进厂精矿的水分不太高时，可采取自然干燥，即将精矿堆放在储矿仓内或地面上，物料中的水分借助阳光、空气自然地进行蒸发。自然干燥速度慢，时间长，需要较大的场地，不适于规模大的工厂使用。

（2）铁板干燥法。在地面上铺设6~8mm厚的铁板，在铁板下砌一个或多个加热炉，燃烧块煤或其他燃料，直接加热铁板，将精矿置于铁板之上进行烘烤，并定时耙动。此法干燥劳动条件差，热利用率低，不适于现代工厂使用。

（3）气流干燥法。气流干燥又称瞬时干燥。这种方法系热气流与被干燥物料直接接触，并使被干燥物料呈均匀、分散、悬浮状态，湿物料中的水分在热气流作用下得到蒸发。气流干燥的优点是：

1）干燥速度快，强度大，能实现自动化连续生产；

2）干燥设备结构简单，占地面积小；

3）可利用生产过程的废气、废热等；

4）同时物料装卸简便，但是需要较大的收尘设备。

（4）回转窑干燥法。回转窑干燥是将物料均匀地加到回转窑内并通入热气流，被干燥物料与热气流接触，使湿物料中的水分气化除去。干燥所用的回转窑又叫圆筒式干燥窑。圆筒干燥窑是一种最简单的机械干燥设备，窑身由钢板做成，窑内不衬耐火砖，直径一般为1.5~2.5m，长10~12m，窑身有3°~6°倾斜角，窑的内面设有纵向折料板，起扬料与卸料作用。干燥窑可采用顺流和逆流两种方式。干燥窑的加热燃料可用煤气、重油和粉煤等。干燥窑的生产率依据很多因素而定，与精矿中的水分、粒度、窑内的容积、窑转数、倾斜度、窑内气体温度、气体速度等有关。常以干燥强度表示干燥窑的干燥能力。干燥强度就是单位时间、单位干燥窑容积所汽化除去的水分量，通常以“$kg/(m^2 \cdot h)$”为单位。在生产实践中干燥窑的干燥强度一般为40~80$kg/(m^2 \cdot h)$。现代工厂干燥大量的锌精矿，通常都是采用此法。

应当指出，在冬季严寒地区，含水分高的锌精矿容易冰冻结块，精矿干燥还起着解冻的作用。

2.2.3 锌精矿的破碎与筛分

2.2.3.1 干燥后锌精矿的破碎

干燥后锌精矿的破碎通常在鼠笼破碎机中进行，因为它还能起混合松散物料的作用，所以这种破碎机又称鼠笼混合机。

鼠笼破碎机具有破碎效果好、生产能力大、适应潮湿黏性物料的破碎与混合等优点。

2.2.3.2 破碎后干锌精矿的筛分

破碎后干锌精矿的筛分可在往复式、弹簧悬挂式或共振动筛中进行。采用最多的是往复式振动筛和悬挂式振动筛。

往复式振动筛是由筛架、筛板、拉杆及电动机组等组成的一部联动机。电动机通过曲轴、曲柄带动筛架、筛板产生往复运动。当物料下到筛板上时，由于振动力的作用和本身的重力，物料有继续下落的趋势，使合格的细物料通过筛孔与粗颗粒分离。

悬挂式振动筛的筛架、筛板由弹簧拉杆悬挂在支架上，并与电动机联成一部联动机，电动机通过三角皮带和偏心轮带动筛架而产生上下不停的运动。

通过筛分后的锌精矿最大粒度要求小于10mm。

2.2.4　流态化焙烧炉及其附属设备

现代采用的锌精矿流态化焙烧炉主要有两种类型：带前室的直筒形炉（见图2-8）和鲁奇扩大型炉（见图2-9）

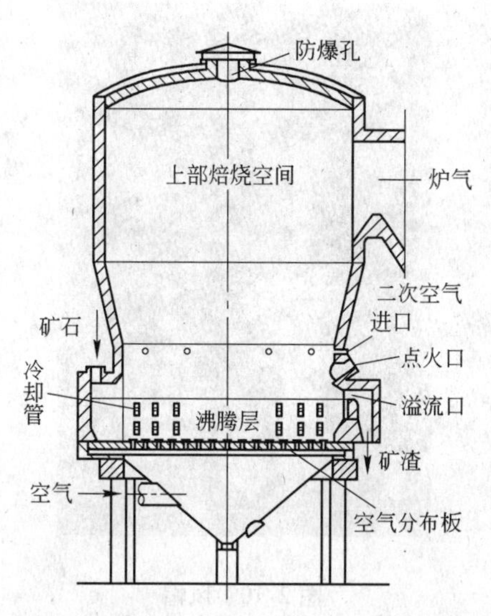

图2-8　带前室的直筒形炉（沸腾焙烧炉）

图2-9　鲁奇扩大型炉

沸腾炉本体由钢板外壳内衬耐火砖而成。下部是风箱，上部是沸腾层、炉膛空间和烟气出口，中间隔着由空气分布板和保温层组成的炉床。

2.2.4.1　炉床

炉子的底部就是炉床，又叫炉底。在一整块钢板上，装有许多风帽（见图2-10），风帽之间浇灌250mm厚的耐热混凝土组成炉床。炉床结构必须满足下列要求：

(1) 使空气沿整个炉床均匀地进入沸腾层；

（2）不使炉内焙烧物料漏入炉底送风箱；

（3）炉底应是耐热的，在高温下不发生变形，不易损坏。

空气能否均匀地送入沸腾层，主要取决于风帽的排列及风帽本身的结构。同时风帽的结构又直接关系到炉内焙烧物料是否会漏入炉底下的送风箱。

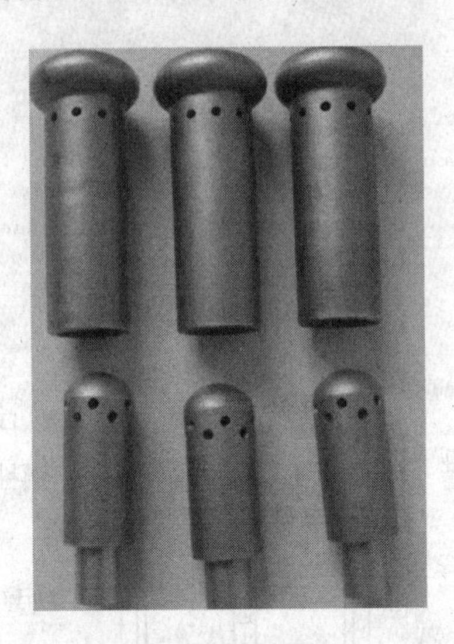

图 2-10　风帽

炉床上风帽的排列方法一般有同心圆、正方形和三角形等。对圆形炉子来说，采用同心圆的排列方式较为合适，因为它可以保证靠边墙的一圈风帽也能得到均匀的排列。如采用正方形排列或等边三角形排列，则靠近边墙部分有些空出的地方，不便安装风帽。对于长方形炉子，则采用正方形排列较为合适。同心圆的距离一般为 175mm，每一圆周上的孔距一般在 150~200mm 之间。由于炉壁对气流有阻力，因此，在排列风帽时，应该是中央风帽稍疏一些，周边要稍密一些，以保证周边风量比炉床中心区大 20%~30%。安装风帽时各个风眼的标高应该一致，相邻风帽上两个对应的侧孔风眼射风方向要错开，以保证送风均匀，沸腾状况良好。

风帽的形式一般有三种：菌形风帽、伞形风帽和锥形风帽。使用最广泛的是伞形风帽。

伞形风帽共有对称的 4 个或 6 个直径为 8~10mm 的侧面孔眼，风帽与风管连接处放入一阻力板，板上钻孔 3 个或 5 个，孔径 5mm，风帽应与直径为 45mm 的无缝钢管螺纹连接，并用螺母固定在分布板上。也可用套管式的，即风帽与铸铁套管连接，插入焊于分布板上的无缝钢管套管内。安装时避免相邻风帽的风眼相对，以避免发生“腾冲”现象。伞形风帽较其他的两种风帽好，其优点是风眼不易堵塞，顶盖较厚不易烧穿，不漏矿，停炉后扎通风眼较易。伞形风帽制造简单，用一般铸铁（含 C 4%~5%）材料制造，使用寿命达 12~16 个月，因此现在为大多数工厂所采用。

菌形风帽正面钻有垂直风眼 21 个，斜侧钻有斜眼 12 个，每个风眼直径均为 3.5mm。风帽内镶入一隔板，板上亦钻有 12 个直径为 3.5mm 的孔眼，与顶盖风眼错开排列。隔板的作用是防止焙烧矿漏入风斗中。这种风帽空气分布比较均匀，但也存在着较多的缺点。例如：由于风眼是垂直的，因炉底结瘤致使细小的风眼更易堵塞；在高温条件下，工作寿命较短；顶盖较薄，受蚀穿洞后易产生漏矿；停炉后扎通风眼较为复杂。由于以上原因，菌形风帽很少使用。

锥形风帽具有6个直径为6mm的斜面孔眼，其优点是空气分布均匀，不易堵孔，不易漏矿，但是圆锥顶容易烧坏，因而使用寿命较短。

当风帽的结构确定之后，炉床上风帽的个数决定于孔眼率（风帽孔眼面积与炉床面积之比）。孔眼率的确定原则是保证空气从孔眼喷出时具有恰当的速度。如前所述，对锌精矿沸腾焙烧而言，空气从孔眼喷出的速度以10~12m/s为宜。孔眼率为1%左右即能满足这一要求。

沸腾炉炉底为了能够隔热，不致在高温下发生变形，在整个炉底板上填灌250mm厚的耐火混凝土。在填灌混凝土之前要将风帽或套管安装好，然后灌入，一次灌完，灌好后保持10天以上，再套上风帽，干燥数天后才能烘炉。

2.2.4.2　炉身

炉身由8~12mm厚的钢板焊接而成，钢壳依次内衬有115mm的轻质保温砖和230mm的黏土耐火砖。在钢壳与轻质砖之间留有20~30mm的膨胀缝，内灌硅藻土。炉身的高度由沸腾层高度、炉膛空间高度及拱顶高度所组成。炉身需要有足够的总高度，以保证细小炉料在炉膛上部有充分的氧化时间（一般需要12~18s），使全部物料完成物理化学反应，利于提高焙烧矿的质量，同时有利于降低烟尘率。锌精矿沸腾焙烧炉的炉身高度一般采用炉膛空间体积与炉底面积的比值来确定，对硫酸化焙烧其比值为7~10，对高温氧化焙烧其比值为10~15。为了强化生产和改善焙烧质量，国外有些工厂的沸腾炉上部空间扩大。

炉身的沸腾层处设有加料口、排料口、工作门及换热器。加料口一般和排料口在同一水平上，或比排料口稍高，并设在与排料口对称的炉子径向的另一端。排矿口的斜度应大于45°角，以便焙烧矿顺利流入沸腾炉地箱或冲矿槽内。为防止铁溜子烧坏，溜子用水套进行冷却，同时还备有事故排料口，以备冷却箱出故障时不致影响炉子排矿。工作门在开炉时供点火之用，在正常作业时，应严格封闭。沸腾炉周围安装有水冷或汽化冷却水套数块，用厚铁板制作。水套应使四周焊缝埋入炉墙内以避免与焙烧矿接触，并经水压试验(50~60MPa）后方能使用。水套占据的那一部分炉壁不砌耐火砖。

在炉身上部设有排烟口。排烟口断面积的大小必须保证炉内能够均匀稳定地进行沸腾，且能顺利地排出炉内烟气，维持炉顶压力为零压或微负压为原则。为此，排烟口面积的大小，以控制烟气实际出口速度在5~8m/s为宜，对于大炉子可以取8~12m/s。

2.2.4.3　进风箱

进风箱又称进风斗。它使气流进入分布板前各处压力分布均匀，起到预先分配的作用。其设计原则应是尽量使进入气流的动压转变为静压，避免气流直接冲击分布板。为此，在进风箱内应加设各种形式的预分配器。最简单的是带弯头的进风管，伸入风箱中心，出口向下。这种结构在小型炉上使用，但预分配均匀性不高。在大型炉上采用中心圆柱式分配器，气体导入圆柱后再进行分配。圆柱各方向开孔的大小，可在投产前用冷试进行调整。所谓冷试，就是在不点火的情况下，加入冷料，开动风机，建立沸腾状态。

有加料前室的沸腾炉，其加料前室与炉内的送风是分开的。实践证明，前室面积过小及过窄是不适当的，因为前室周围易产生死角；另外由于粗颗粒堆积，往往产生堵塞而不易输送炉料。对 $42m^2$ 沸腾炉而言，其面积达 $1.5 \sim 2m^2$。前室有气封装置，以防止炉气正压外冒。

在结构合理时，进风箱容积增大，将有助于箱内压力均匀化。

2.2.4.4　加料与排料装置

当沸腾炉的鼓风量和温度控制一定后，主要是通过调节加料量来维持炉内温度稳定在一定的范围内。因此，不仅要求料量适当，同时要求料量均匀。为了保证加料量的适当、均匀，必须注意选择恰当的加料方法和加料设备。

沸腾炉的加料方式主要是指所加精矿的状态。现在采用的有按干精矿（含水小于10%）、矿浆（含水25%左右）及制粒（1~5mm）三种不同物料的加料方法。

日本各湿法炼锌厂都曾采用炉身直径不变的道尔型沸腾炉，同时采用矿浆加料。这种加料方法是将精矿拌以20%~25%的水，在搅拌槽中预先制成矿浆，用泵喷入炉内。这种加料方法很适合于靠近选矿厂的冶炼厂。选出的精矿不必先经干燥，即可入炉。同时，还可以利用矿浆的含水量来调节沸腾层的温度。但是这种加料方法存在许多缺点，例如，道尔型炉的生产率比鲁奇炉干法加料低一半左右，只有 $3.8 \sim 5.1t/(m^2 \cdot d)$；生产的蒸汽量要少15%~20%；由于大量水分蒸发，烟气量大，烟尘率高，增加收尘设备的负荷，同时引起制酸的麻烦。日本有的工厂如神冈电锌厂已改用鲁奇型炉。该厂采用鲁奇型炉后，沸腾层的温度由980℃提高到1010℃，产物中的硫化物硫含量由0.69%降到0.22%，锌浸出率则由93.8%升高到94.3%。从电力单耗来说，原道尔炉处理1t矿耗电102kW · h，而改为鲁奇型炉后为74kW · h。所以湿法加料制度没有多大发展，目前世界上多采用干法加料的鲁奇型炉，约有60台炉子在生产。

干法加料就是将锌精矿预先进行干燥、破碎、筛分，然后用可调节速度的加料器将物料加入炉内。

干式加料的设备一般采用圆盘给料机和皮带给料机，根据加料点不同可分为前室管点式和抛料机散式加料两种。管点式加料在没有前室时用斜插入炉内的溜板或溜管加料。这种加料方式结构简单，但因湿料流动性差，易堵塞溜管，下料不均匀，炉内温度波动大。有前室的沸腾焙烧炉采用前室加料，这对防止加料口堵塞以及事故处理有一定的好处，同时对精矿筛分及杂质含量等要求可适当放宽，但这种方法结构比较复杂、进料较集中，易使前室堆积。

皮带干法加料是将精矿通过位于流态化床层上1m处左右的料枪或高速（15~24m/s）皮带，使精矿均匀抛甩在床层的上面，这是前室加料与矿浆加料难以办到的。由于烟气量小，并且炉子上部扩大后气流夹带的尘粒向上移动的速度小，这种加料法的烟尘率并未增大。采用鲁奇型炉和干法抛甩加料后，流态化炉的生产率提高到 $6.5 \sim 8t/(m^2 \cdot d)$，增长25%~30%，而产品质量并不降低。对于 $50m^2$ 以上的大炉，为了使精矿均匀铺到流化床层表面，可以在三四个点设置抛甩加料设备。带式抛料机规格：带宽0.5m，长2~2.25m，朝加料口倾斜15°~20°安装。

沸腾炉的排料装置比较简单，沸腾焙烧所得焙砂自动从排料口排出，因而不需要任何机械排料装置。高温氧化焙烧所产焙砂从沸腾炉内排出时的温度在900~1050℃之间。这样高温的焙砂，对火法还原蒸馏炼锌而言，不便直接输送和贮存，必须先进行冷却。高温焙砂的冷却可采用冷却圆筒或沸腾冷却箱进行。由于沸腾层良好的热传导，因而冷却效率很高，目前广泛采用沸腾冷却。在湿法炼锌时，所产高温焙砂，不必经过冷却而直接排入有硫酸锌溶液或废电解液的溜槽内，然后用泵送至浸出槽。

2.2.4.5 余热排除及利用装置

沸腾炉余热排除和利用装置是各种形式的换热器。它们安装在沸腾层处。常用的换热器有U形管和水套两种，其中通入冷水或沸腾水（通入沸腾水的方式叫做汽化冷却）。

插入式U形管的结构简单，装拆方便，换热面积可借管的插入深度灵活调节。但是，管子表面易被炉结黏结遮盖而降低冷却效率，而且它占用了一部分沸腾层空间，给操作带来不便。

冷却水套安装在沸腾层处炉壁上，不侵占沸腾层空间。其中若通入冷水时，排水温度为50~60℃，只能供生活用；若采用汽化冷却，通入沸腾水，则可以生产出供生产使用的蒸汽。汽化冷却的优点是热利用率高，产出的蒸汽可供浸出、净化、电积使用；缺点是用水需要软化处理。

无论采用何种余热装置，为了保证不停水，最好设置高位水槽，贮存足够的用水。

2.2.4.6 沸腾焙烧炉实例

我国科研设计人员在分析、吸收了各型沸腾炉的结构优势后，新设计投产了一台109m^{2}锌精矿沸腾焙烧炉。其具有以下结构特点：

（1）分布板的结构不同于中小型流态化焙烧炉。分布板不是整体的，而是由近60块箱形孔板组成，这些分布板分别固定在14根700mm高的H型钢梁上，分布板上浇注152mm厚耐火浇注料隔热层，并在分布板上安装10900个与传统风帽完全不同的特制的直通式风帽。分布板分块制造安装，其精度容易保证；直通式风帽结构简单，制造精度高，阻力及风速分布较均匀，寿命很长。这种设计为炉内形成稳定的流态化床创造了很好的条件。

（2）设有底部排料口。生产过程中在流态化床内有时会生成一些粗颗粒和结块。它们需要定期排除，否则将沉积于炉床上，影响炉料正常流态化。从底排料口和机械排料装置可定期排放粗颗粒。

（3）特殊的钢结构设计。该焙烧炉为圆筒形炉壳，下部和上部分别用厚20mm和18mm钢板焊接而成。为确保炉衬砌体的质量和整体性，保证炉子寿命长，对炉壳的制造精度提出了较高的要求。底环板的平整度为3mm；炉壳的圆柱度偏差小于20mm，垂直度偏差小于5mm。对于这种大直径、大高度的筒形壳体，必须采用特殊措施、精确施工才能达到这些要求。

（4）砖体设计。该焙烧炉炉墙厚500mm，内层为310mm厚的高铝砖，外砌185mm厚的轻质黏土砖，采用同一规格的楔形砖砌筑。炉顶是跨度为ϕ17300mm、半径为11700mm的球形拱顶。拱顶砖设计了带有凸凹槽、厚度为380mm的异型砖，考虑到砖要承受很大的侧向力，选用热弯曲强度高、耐磨性好的高铝砖。

（5）流态化床的排热与补热。生产过程中要保持流态化床的温度稳定，要在流态化床内设置排热与补热装置，否则由于诸多因素的影响，炉内会出现热量不平衡、温度波动大的现象。为了便于调整温度，在流态化床上方的炉墙上安装有喷水装置和补热烧嘴。炉温偏高时喷水装置将水喷入炉内降温，炉内温度偏低时开启补热烧嘴提温。另外，焙烧是放热反应，为提高处理能力，减少过剩空气量，流态化床内多余的热量必须排走，为此，在流态化床圆周炉墙上设有插入到流态化床内 4~6 组汽化冷却排热管。此排热管属烟气余热锅炉的分支，这样既排走了热量，又以蒸汽的形式回收了余热。冷却排热管用耐热、耐磨材料制造，保证了使用寿命。

（6）焙砂冷却。该焙烧炉的焙砂冷却采用流态化冷却器和高效冷却圆筒，具有设备结构小、效率高、密封性和操作环境好等特点。

2.2.5 收尘

锌焙烧产出的烟气温度高，烟气含尘量高。烟尘粒度细、黏性大、比电阻高，是一种较难回收的粉尘。烟气含 SO_2 高，有很强的腐蚀性。现在新建厂多采用多级收尘。烟气经余热锅炉回收其多余的热量后进入收尘系统。在收尘系统中，烟气先经两级旋风收尘器回收其较大颗粒的粉尘，再用电收尘器回收其细微粉尘。净化后的烟气经高温风机送制酸车间处理，如图 2-11 所示。收下的烟尘用刮板输送机运往球磨工段，而后经仓式泵吹送到焙砂仓。

综上所述，收尘流程如下：

焙烧炉→余热锅炉→一旋→二旋→电收尘→风机→制酸

图 2-11 收尘系统

2.3 硫化锌精矿焙烧岗位操作

2.3.1 吊桥岗位

2.3.1.1 指标要求

购入锌精矿质量标准见表2-1。

表2-1 购入锌精矿质量标准 %

成 分	Zn	Fe	S	Co	SiO_2	As	Sb
含 量	44	14	28~32	≤0.04	≤2.5	<0.04	<0.03

焙烧使用锌精矿质量标准见表2-2。

表2-2 焙烧使用锌精矿质量标准 %

成 分	Zn	S	Fe	Co	游离H_2O	Sb	假粒度
含 量	≥45	28~32	≤14	≤0.04	≤10	≤0.024	<10mm

2.3.1.2 操作要求

A 正常操作

（1）慢速起升主副卷扬，待钢丝绳拉直后，起升抓斗。然后根据情况开动大、小车逐挡加速，严禁开飞车，严禁反车制动。

（2）抓斗超越地面障碍物运行时，距障碍物最高点的距离不得小于1m；大车、小车和主副卷扬抱闸失灵时要及时修理，并保证可靠，不得在抱闸失灵的情况下进行工作。

B 开车前的准备

（1）查看交班人所记的记录，了解当班设备情况和运转情况。

（2）停电检查起重机主要电器及机械部件。

（3）检查抓斗的滑轮、臂杆等是否正常。

（4）检查制动器、集电器、电动机滑环和碳刷、控制器触点、安全装置是否正常。

（5）检查润滑点是否缺油。

（6）检查卷筒、减速机、联轴器和传动轴各部连接螺栓是否紧固。

（7）检查各行程制动装置是否灵活可靠。

C 开车操作

（1）将所有控制器放回零位，发出开车信号铃。

（2）合上闸刀开关、安全开关，按启动按钮。

D 停车操作

（1）将车停在指定位置，上车停靠驾驶室端，抓斗放落地面，但不得放置在火车轨道上，抓斗钢丝绳微松。

（2）所有控制器回到零位，断开安全开关，拉下闸刀开关。

（3）上车按有关规定检查，维护设备，写好当班记录，沿指定扶梯下来。

E　紧急停车

运行过程中遇到下列情况之一时，应紧急停车：

（1）运行过程中突遇紧急停电或线路电压下降时，应将所有控制器回到零位，将总电源断掉，并对有关部位进行检查或与电气部门联系查明原因。

（2）运行中钢丝绳出现断丝现象或断绳。

（3）行车过程中出现异常声响。

2.3.2　皮带运输岗位

2.3.2.1　正常操作

（1）掌握好料仓储矿量及下道工序需求量。

（2）运行中检查皮带是否跑偏。

（3）运行中检查皮带是否打滑。

（4）运行中经常检查转动装置是否运行正常。

（5）运行中检查各平托辊、槽形托辊是否运行正常。

（6）必须均匀加料，以防皮带被压死。

2.3.2.2　开车前的准备

（1）开车之前应仔细检查皮带上及周围有无妨碍皮带运转的异物。

（2）检查皮带接头是否完好，有无开裂现象。

（3）严格检查本设备的刹车装置，是否起到应有的作用。

（4）检查对轮销钉是否磨损严重或断裂。

（5）检查轴瓦是否磨损严重，给轴瓦加油。

（6）检查减速机润滑油是否在正常油位。

2.3.2.3　开车操作

（1）启动前用信号与上、下工序联系好，方能启动。

（2）将所有安全开关合上，自动程序由控制室自动开启，手动程序则由操作工启动。

2.3.2.4　停车操作

（1）停车前将皮带上料带完后方可停车。

（2）与上、下岗位联系好后方能停车。

2.3.2.5 事故处理操作

运行过程中遇到下列情况之一时，应紧急停车：

（1）如发生异物压住皮带，必须立即停机。

（2）如发现运输带损坏必须立即停机。

紧急停车时按如下操作进行：

（1）首先停止上道工序设备停止给料。

（2）设备修好将料扒净，点动开车。

（3）开车后上道工序按开车顺序依次开车。

2.3.3 鼠笼打散机岗位

2.3.3.1 正常操作

（1）运行中检查各部位是否运行正常。

（2）运行中检查轴承是否发热、振动，鼠笼内响声是否正常，发现问题及时自行处理。处理不了及时通知检修钳工处理。

（3）严禁将铁器物件放在料斗上面，以防进入鼠笼打坏撑子。

（4）鼠笼运行中或车未停稳时，严禁打开操作门清理鼠笼或处理故障。

2.3.3.2 开停车操作

（1）听到带料铃声开车，开车顺序按由下至上；停车按相反顺序进行。

（2）避免打散机超负荷运转、别住、丢转或振动，如有上述情况及异常声音和现象时，一定要及时停车检查、处理。

（3）为了确保粒度合格，要做到每班第一次料后和最后一次料后检查碎环是否缺撑子和角带，如有上述情况及时向班长汇报。

（4）在清扫完打散机之后，不能保证粉碎粒度和正常运转时，要及时调整料量或停车处理。

（5）操作中坚持巡回检查，设备润滑经常保持良好状态，坚持加油制度。

（6）班中和交接班时应逐点检查电动机、里外环、大小槽轮、轴承座、机壳、各部地脚螺丝及仪表。

2.3.3.3 注意事项

（1）处理紧急问题及时用信号铃声与上下工序联系，通知班长。

（2）处理问题及时关闭事故开关方能检修。

2.3.4 分料圆盘岗位

2.3.4.1 操作要求

（1）掌握好料仓料量及下道工序的需求量。

（2）运行中经常检查转动装置是否运行正常。

（3）均匀下料，防止圆盘压死。

2.3.4.2 特殊操作

（1）上岗操作前，做好开车前的检查，检查正常后，先给开车铃声，然后启动圆盘给料机。

（2）带料铃声：一声长铃为开始带料；三声长铃为停止带料；数声短促铃声为紧急

停车。

（3）开始带料后根据配料需要调整好放料闸板，保证下料均匀，不准满皮带灌。

（4）下一岗位调闸、皮带压住、下料口堵，应立即停车停止加料。处理完毕后听到带料铃声再开车。

（5）如料量过多、圆盘压住，要紧急停车，通知上道工序停车，将料扒净后开车。

2.3.5　刮板机（螺旋给料机）岗位

2.3.5.1　正常操作

（1）使用输送机前，先空车运转片刻，待运转正常后加料。加料要保持均匀，不得突然大量加料。

（2）如无特殊情况，不得负载停车。需停车时，应先停止加料和将输送机内物料全部卸空后方可停车。

（3）对在满载运输时发生紧急停车后的启动，必须先用人工排料，然后再点动几次来排空输送机内的物料。

（4）如果几台埋刮板输送机衔接使用，启动时应先开动最后卸料的一台，而后逐台往前开动，停车顺序则与启动顺序相反。

（5）运行过程中应严防铁件、大块硬物和杂物等混入输送机内，以免损伤输送机或造成其他事故。

（6）操作人员应经常观察输送机的运行情况。如发现刮板变形或脱落、开口销磨损或脱落以及刮板链条磨损严重等情况，应及时修复或更换。

（7）输送机内的死角处如有过多物料积聚，应予清除，以免影响输送机的运行和造成维修不便。

2.3.5.2　开车前的准备

（1）开车之前应仔细检查皮带上及周围有无妨碍皮带运转的异物。

（2）检查链条、销轴、穿销有无磨损。

（3）检查轴瓦是否磨损严重，给轴瓦加油。

（4）检查减速机润滑油是否在正常油位。

2.3.5.3　开车操作

（1）启动前用信号与上、下工序联系好，方能启动。

（2）将所有安全开关合上，自动程序由控制室自动开启，手动程序则由操作工启动。

2.3.5.4　停车操作

（1）停车前将皮带上料带完后方可停车。

（2）与上、下岗位联系好后方能停车。

2.3.5.5　事故处理操作

运行过程中遇到下列情况之一时，应紧急停车：

（1）如发生异物压住刮板机，必须立即停机。
（2）如发现刮板机穿销脱落必须立即停机。
（3）如发现刮板机链条跑偏应立即停车。
（4）首先停止上道工序设备停止给料。
（5）设备修好将料扒净，点动开车。
（6）开车后上道工序按开车顺序依次开车。

2.3.6 焙烧炉岗位

2.3.6.1 工序产品的质量要求

混合焙砂质量标准见表2-3。

表2-3 混合焙砂质量标准 %

成 分	Zn	$Zn_{可}$	$S_{残}$	$Si_{可}$	Fe	粒度	
						+178μm	-74μm
含 量	≥51	≥43	<0.65	≤1.2	≤5	≤6.0	65%~80%

2.3.6.2 原材料标准

焙烧使用锌精矿质量标准见表2-4。

表2-4 焙烧使用锌精矿质量标准 %

成 分	Zn	S	Fe	Co	游离 H_2O	Sb	假粒度
含 量	≥45	28~32	≤14	≤0.04	≤10	≤0.024	<10mm

2.3.6.3 工艺技术条件

A 主要技术经济指标
（1）锌回收率：≥99.5%。
（2）脱硫率：≥93.41%。
（3）系统漏气率：<15%。
（4）烧成率：≥89%。
B 流态化焙烧炉
（1）焙烧强度：6.16 t/(m^2·d)。
（2）流化层温度：870~980℃（视原料成分定）。
（3）炉膛温度：900~1000℃。
（4）炉气出口二氧化硫浓度：9%~10%。
（5）鼓风量（标态）：51570m^3/h。
（6）烟气量（标态）：53140m^3/h。
（7）流化层高度：1000mm。
（8）炉顶压力：-20~0Pa。

（9）喷水温度：1050℃。

C 流态化冷却器

（1）焙砂处理量：11t/h（单组）。

（2）流态化冷却器焙砂入口温度：870~930℃。

（3）流态化冷却器焙砂出口温度：≤550℃。

（4）换热面积：3.3m^2。

（5）流态空气量（标态）：100m^3/h。

（6）流态空气压力：98kPa。

D 冷却圆筒

（1）焙砂进口温度：≤500℃。

（2）焙砂出口温度：≤200℃。

（3）冷却水进口水温度：30℃。

（4）冷却水出口水温度：45℃。

（5）圆筒回转速度：5.3r/min。

（6）生产能力：22t/h。

（7）冷却水用量：110~150m^3/h。

2.3.6.4 操作前的准备

（1）检查炉内有无杂物，同时清扫干净。

（2）检查风帽眼有无堵塞，如有堵塞要扎通。

（3）检查温度孔是否装有测温电偶，测温电偶装的是否合理，如没有及时重新装好。

（4）检查送风系统及送风走向，开关是否灵活，管路是否存有积矿，风箱人孔门是否关紧，放料开关是否关死，确定无误后进行冷试。

（5）检查焙烧炉流态化冷却器和冷却圆筒水循环系统，开关是否齐全灵活，排污开关是否关死，人孔门是否上好，过料溜子是否畅通。

（6）检查仪表各部装置是否齐全灵活好用，如有问题找仪表工修理。

（7）检查加料系统、排料系统是否正常。

（8）检查沸腾层冷却盘管、余热锅炉是否有漏水现象，如有应立即处理。

（9）检查油管路、油枪及各部开关是否完好。

（10）铺炉料500~700mm，送风鼓平。

（11）验证气体走向。

（12）验证送风系统开关，如需开焙烧风机，先将焙烧风机开启，试车正常后方可开炉。

以上条件具备后，方可开炉。

2.3.6.5 操作步骤

A 开炉升温与加料接触

（1）开启油泵供油。

（2）打开喷油装置，点火升温预热。

（3）柴油、高压空气刚开始往炉内喷入、鼓入量不宜过大，采用两个油枪随着温度的升高，油量、高压空气量逐渐增大，且必须保证油充分燃烧。

（4）当炉内表面温度在850℃以上时，炉墙出现红色，进行鼓风（风量28000~30000m^3/h），沸腾层呈微沸腾状态，喷油升温照常进行，同时对炉床沸腾情况进行检查。

（5）当沸腾层温度逐渐均衡，炉温在850℃左右时，焙烧炉开始加料，同时撤出油枪，风量开到正常指标。20min以后，通知制酸系统烟气接触，然后将各部门、盖全部封好。

B　正常操作

在正常情况下，为了保证炉温稳定，除了均匀加料外，还必须随时掌握原料、风量和炉温的变化情况，以便及时调整加料量。按照加料量的多少可分为正常加料、增料和减料三种情况，但增料或减料要适当。

（1）加料：当原料、风量、大斗压力无变化，炉温稳定，SO_2浓度稳定时，均匀加料，不增不减。

（2）增料：当原料含硫变低、水分增大、风量增大、大斗压力降低、炉温下降、SO_2浓度低时，要适当增料。

（3）减料：当原料含硫变高、水分减小、风量减小、大斗压力升高、炉温升高或降低、SO_2浓度高时，要适当减料。

在沸腾炉送风量一定的条件下，司炉工与加料工互相配合，减少炉温的波动，保证SO_2浓度的稳定。因此，司炉工应勤检查沸腾炉温度的高低，判断料量的多少。

C　停炉操作规程

（1）停车前应将温度提到950~980℃（使硫酸盐分解），停止加料；等温度降到850℃时停止供风。

（2）检查焙烧炉冷却盘管、流态化冷却器、冷却圆筒有无漏水现象，然后将人孔门、下料口、焙烧炉操作门封好。

2.3.6.6　故障处理

（1）计划停电的开炉操作。接到开炉命令后，先检查焙烧炉沸腾层表面是否有硬层，如有应立即处理。开炉的方法按开炉操作规程进行。若因停电时间较长，炉内温度低于加料指标，可采用加煤粉、喷油等方法提温。沸腾炉炉温为850℃时，即可加料。加料后20min左右，炉温基本稳定后，通知制酸系统烟气接触。

（2）因突然停电焙烧风机停止运转的操作。

1）首先加料工停止加料，停止供风，同时通知制酸工段、当班电工，以便尽快查明原因。

2）来电后，排料系统全部开车，再将焙烧风机开车，先大鼓风1min，经检查正常后，按开炉程序进行开炉。

3）炉子经过检查若沸腾情况不好，炉内有局部结疤或穿孔现象，应立即组织人员处理，并通知制酸工段。处理正常后，按开炉规程进行。

（3）事故停炉及热扒炉。因操作不当或原料变化造成炉料烧结以至沸腾层穿孔，用高压空气处理无效时，被迫造成事故停炉。决定停炉后，首先停止鼓风，适当喷水降温，利用扒炉工具将炉料清理出来，扎通风帽，铺炉料并按开炉程序进行准备，等待开炉指令。

（4）沸腾层烧结

沸腾层烧结表现为：某部分因结瘤不沸腾；炉内全部烧结风箱压力瞬时上升，突然下降，风量迅速增大。

其产生原因主要有：

1）加料不均；

2）炉温超标；

3）突然停风炉料在炉内停留时间过长。

其处理方法为：停止加料，通知制酸系统，降低温度，缩小风量，用钎子扎或水管崩，如有好转可以加料。

（5）冷却盘管漏水。在正常操作情况下，炉温突然下降或缓慢下降，采取提温措施后仍无效，在负压抽力不便情况下，炉内压力突然增大，这种情况可能是冷却盘管出现了漏水现象。此时应进行全面检查，对沸腾层温度进行详细的检查，寻找温度最低点，找出漏水部位。经上述检查无效时，可停炉检查，确认漏水后，将冷却盘管废除，处理完后准备开炉。

2.3.7　余热锅炉岗位

2.3.7.1　操作要求

（1）软化水供应充足，线路畅通。

（2）电器仪表部分无故障。

（3）各设备如给水泵、循环泵，清灰装置等正常。

（4）锅炉经打压试验合格。

（5）锅炉的安全附件仪表如压力表、水位计、安全阀齐全，灵活可靠。

（6）送气线路畅通。

（7）控制与调整锅炉正常运行。

2.3.7.2　停炉操作

余热锅炉正常运行时，由于检修或其他原因需要计划地停炉时，其操作包括以下几个步骤：

（1）停炉前的准备，主要指进行全面检查，了解设备损伤情况，拟定维修项目等。

（2）通知焙烧运行人员停止加料。

（3）缓慢关闭主蒸汽阀门，打开放空阀。

（4）启动清灰装置，清理受热面积灰。

（5）烟气温度为400℃以下时，关闭循环水泵。

（6）停止给水泵。

（7）锅炉停炉保养。如停炉短期，宜用湿法保养；如长期停炉，则应采用干法保养。

2.3.7.3　故障处理

A　锅筒缺水

（1）关闭排污阀加大上水；

(2) 检查受热面管是否正常;

(3) 检查上水设备是否正常;

(4) 如缺水严重，采取紧急停炉。

B 锅筒满水

(1) 开启排污阀排水;

(2) 检查给水阀门和自动调节器是否有故障;

(3) 若经处理水位仍降不下来，则通知焙烧炉紧急停炉。

C 锅炉内水冲击

(1) 判断原因，是否锅筒水位过低，蒸汽窜入水管道;

(2) 适当提高锅筒水位;

(3) 给水不要过急、过猛;

(4) 水管道法兰不严时，应停炉处理。

D 蒸汽管道水冲击

(1) 注意送汽前疏水工作;

(2) 检查锅筒水位过高时，适当降低水位;

(3) 改善给水质量，加强排污，避免锅筒内汽水共沸;

(4) 检修时注意检修汽水分离器;

(5) 上水泵和循环泵采用开一台备一台，一台泵出现故障马上开启备用泵，并汇报工段长组织检修，如两台上水泵或两台循环泵同时发生故障，通知焙烧炉紧急停炉;

(6) 上水泵和循环泵采用两路电源，一路供电中断启动另一台泵（另路电源供电），如两路电同时中断，通知焙烧炉紧急停炉;

(7) 焙烧循环冷却水泵采用两路电源，一路供电中断开启另一台泵（另路电源供电），确保上水泵和循环泵冷却水不中断。

2.3.8 球磨机岗位

2.3.8.1 指标要求

(1) 筒体转速：23.8r/min。

(2) 进料粒度：<25mm。

(3) 出料粒度：0.075~0.8mm。

(4) 生产能力：25~30t/h。

2.3.8.2 操作要求

A 正常操作

(1) 班中经常检查冷却水压、排气温度、压力、油位等指标是否正常。

(2) 保持过滤器周围环境整洁。

(3) 不给料不能长时间运转（不超过15min），以免损伤衬板和消耗钢球。

(4) 保证球磨机均匀进料。

(5) 班中每小时记录一次，记录要干净、字迹工整、不得涂改。

B 开车操作

(1) 新安装和检修后未经试车的磨机，在启动前应盘车2~3转，以免发生碰撞事故。

(2) 检查紧固螺栓、齿轮、联轴器、减速机等紧固和传动件的装配情况。

(3) 启动稀油站，检查各润滑点工况（如温度、数量、质量等）是否合乎要求。

(4) 检查各电气连锁装置和讯、信号是否正确好用。

(5) 检查与球磨机关连的设备（如1号刮扳机、5号刮扳机、6号刮扳机、收尘器等是否正常）。

(6) 检查保护装置是否良好。

(7) 检查冷却水是否合乎要求。

(8) 确认电控箱启车按钮处于“分”位，电源按钮处于检修状态。

(9) 做好以上检查和确认后，联系电工送电，启车。

C 停车操作

(1) 得到停车指令后，检查确认冷却圆筒、1号刮扳机的料已带净。

(2) 按下停车按钮并使其处于“分”位，把电控箱“工作选择”按钮置于检修状态。

(3) 待各冷却点温度降至室温后方可停稀油站。

D 紧急停车有下列情况之一时，应紧急停车

(1) 后续流程设备发生故障，流程不畅通时。

(2) 球磨机进、出口发生故障时。

(3) 润滑油中断时。

(4) 冷却水中断时。

(5) 球磨机机体发生故障时。

2.3.9 焙砂输送岗位

2.3.9.1 最佳工作参数的设定

(1) 最佳开泵压力值：开泵压力根据现场情况可设为0.4~0.6MPa。

(2) 最佳关泵压力值：关泵压力根据现场输送情况设定，依据“保产量、降能耗、不堵管”的原则进行调整，一般为0.1~0.12MPa。

(3) 堵管压力值：堵管压力值可设定为0.6~0.7MPa。

2.3.9.2 操作要求

A 开车前的准备

(1) 检查各连接件螺栓是否紧固，各接口处是否密封良好。

(2) 检查各控制机构、阀门动作是否灵活，仪表是否正常。

(3) 检查各压缩风管路是否畅通，如有堵塞，应立即处理。

(4) 检查各管道阀门位置是否处于正常位置。

B 开车操作

(1) 打开气源阀门。

(2) 接通电源，先手动操作，空送1~2min，然后手动操作进料、输送，以此来确定

合适的进料时间、输送时间及预输送时间。

（3）以上参数确定后，将手动改为自动，并根据实际情况及时调整有关参数。

C 停车操作

（1）停止向中间仓送料。

（2）把中间仓物料卸入泵内。

（3）卸空泵内物料，并转入到下一循环即装料的情况下，方能停车。

（4）切断电源，关闭气源阀门。

D 紧急停机

发现设备出现异常情况或其他原因需立即停机时，应先关闭压缩空气，工作方式开关复位，断掉电源停机。

2.3.10 电收尘岗位

2.3.10.1 指标要求

（1）入口烟气量：200000m^3/h。

（2）入口烟气含尘量（标态）：10g/m^3。

（3）入口烟气温度：350℃。

（4）入口烟气压力：-3000Pa。

（5）收尘效率：≥99%。

（6）出口烟气含尘量（标态）：≤100mg/m^3。

2.3.10.2 正常操作

（1）通气后，即检查人孔、法兰连接、排灰等处是否漏气。

（2）阴极振打、分布板振打、1号电场阳极振打为连续振打，阳极2号、3号、4号电场为间断定时振打。

（3）送电要求。电场送电电压，火花频率自动控制时保持0~50次/min，手动控制时，电场内不出现连续放电为好。在出口含尘满足工艺要求时，送电电压可以稍低一些，在无火花放电状态下运行。

（4）电加热。每小时记录一次，进出口温度、压力，每个电场一次电压、一次电流、二次电压、二次电流。

（5）当出口温度不低于250℃，顶部绝缘箱电加热可停止加热。阴极振打绝缘箱温度应控制在200（最低）~220℃（最高）。

（6）作好操作记录，保持记录及时、准确、工整。

2.3.10.3 开车前的检查

（1）检查、清理电场内杂物。

（2）检查阴、阳极的间距。

（3）传动机构加满润滑油。

（4）检查所有传动机构运转方向，不得反转。

（5）启动所有振打机构、螺旋排灰机等，检查运转情况，振打位置是否适中，螺旋排灰机运转是否平稳、无卡阻现象。

（6）关闭人孔。

（7）前16h开电加热器，加热顶部和侧部绝缘箱。

（8）最后空载送电检查（绝缘电阻 $R \geqslant 100M\Omega$）。

（9）送电合格后，等待通气。

2.3.10.4 停车

（1）停止送电。

（2）切断整流变压器电源，高压输出接地。

（3）开动所有振打和排灰装置，30~60min后停止。

（4）开电加热器。

（5）打开电场顶部人孔。

（6）2~4h后打开侧部人孔。

（7）电场内温度降至50℃以下，检修人员才能进入。

如果暂不检查检修，则不要打开人孔，待检修时再打开。电除尘器内尽可能干式清理，但要避免用金属棒来清理阴极线和阳极板上的积灰。电除尘器内可以用水冲洗，水量要大，压力要足，在短时间内将内部每个地方都冲洗干净，不得留有积尘。冲洗干净后，必须立即将整个传动装置开动半小时，以免生锈卡死。

2.3.10.5 电收尘故障分析及处理

电收尘故障分析及处理见表2-5。

表2-5 电收尘故障分析及处理

序号	现　　象	原　　因	处理方法
1	送不上电	绝缘破坏	检查石英管、瓷轴、电加热是否正常
2	电流上涨、电压下降直至送不上电	支撑绝缘管、瓷轴爬电	绝缘箱堵漏，清理或更换绝缘管瓷轴
		两极积灰搭桥	振打机构修理、清灰
		灰斗满灰	排灰
3	电流下降、电压不变或稍有上升	振打故障，引起阴极肥大、阴极严重积灰	修理、加强振打
		工艺条件变化，灰尘比电阻变大或灰尘黏性变大	稳定工艺条件
4	有时能送上电，有时送不上电	电极一端脱落而摇摆	固定极线
		绝缘物漏电	处理绝缘物
5	机械故障		检修
6	电气故障		电工检修
7	超温	负荷大，余热锅炉降温不够	减负荷或停车
8	电场工作不稳定	工艺条件波动	维持低电压运行或停止送电

2.3.11 空压机岗位

2.3.11.1 正常操作

（1）班中经常检查冷却水压、排气温度、压力、油位等指标是否正常。
（2）保持过滤器周围环境卫生。
（3）班中每小时记录一次，记录要及时、准确、工整。

2.3.11.2 开车前准备

（1）检查油位是否合适。
（2）联系电工送高压电车。
（3）检查冷却水是否正常。
（4）关闭储气罐排污阀。
（5）打开储气罐排气阀。

2.3.11.3 开车操作

（1）按下启动按钮。
（2）观察控制面板显示的各项参数是否正常。

2.3.11.4 停车操作

（1）按下停止按钮。
（2）待系统气压降为零时，打开排污阀排出积水。

2.3.11.5 特殊操作（紧急停车操作）

（1）按下急停按钮。
（2）电动机停止运行。
（3）解除急停状态。
遇下列情况之一时，应紧急停车：
（1）空压机发出激烈异响。
（2）控制面板显示的运行参数达到停车值而未自动停车。
（3）油路发生大量泄漏。

2.3.12 斗式提升机岗位

2.3.12.1 正常操作

（1）使用斗提机前，先空车运转片刻，待运转正常后加料。加料要保持均匀，不得突然大量加料。

（2）如无特殊情况，不得负载停车。需停车时，应先停止加料并将斗提机内物料全部卸空后方可停车。

（3）对在满载运输时发生紧急停车后的启动，必须先用人工排料然后再点动几次来排空斗提机内的物料。

（4）运行过程中应严防铁件、大块硬物和杂物等混入输送机内，以免损伤斗提机或造成其他事故。

（5）操作人员应经常观察斗提机的运行情况。如发现链条和料斗变形严重应及时修复或更换。

（6）斗提机内的死角处如有过多物料积聚，应予清除，以免影响斗提机的运行和造成维修不便。

（7）要经常注意调节螺旋弹簧式拉紧装置，使链条保持适当的张紧度。调节时两边的螺杆要均匀移动，调节后用螺母锁紧。调节螺杆的表面应经常保持清洁和涂油润滑。

2.3.12.2 开车前的准备

（1）检查带斗上、下是否有异物妨碍皮带运转，接头是否良好。

（2）检查头尾部皮带是否跑边，皮带是否过长。

（3）检查料斗是否有掉落、粘矿现象，尾部轴承加注润滑油，减速机油位应在规定范围内。

（4）检查电动机、主机及紧固螺栓是否松动。

（5）检查皮带轮及相关人孔门是否装配好。

（6）检查刹车是否起作用。

2.3.12.3 开车操作

（1）开车前应与上、下工序联系好。

（2）将安全开关合好，启动按钮开车。

2.3.12.4 运行操作

（1）检查头、尾部轴承及电动机轴承温度是否正常。

（2）运行中应检查皮带是否带料跑边刮机壳。

（3）运行中严禁敲打料斗内积矿，保证下料管道畅通。

（4）运行中严禁打扫头、尾部卫生。

2.3.12.5 停车操作

A 正常停车

（1）停车前先与上、下工序联系好。

（2）将料斗内料全部带完并清理料斗。

（3）按停车按钮。

B （事故处理）紧急停车

运行过程中遇到下列情况之一时，应紧急停车。

（1）上道工序加料过大压死皮带。

（2）有异物卡住皮带。

（3）皮带损坏严重。

（4）传动装置异响严重。

习　题

2-1 为什么说硫化锌是较难焙烧的硫化物？

2-2 简述硫化锌精矿焙烧的目的。

2-3 在硫化锌精矿焙烧过程中，硅酸盐和铁酸锌的生成对后续过程有什么影响？在焙烧过程中如何避免硅酸盐和铁酸锌的生成？

2-4 简述硫化锌精矿伴生矿物在焙烧过程中的行为。

2-5 硫化锌精矿的焙烧设备有哪些？

2-6 硫化锌精矿焙烧为什么大多采用沸腾炉？沸腾焙烧炉有哪几种类型？

2-7 沸腾焙烧的强化措施有哪些？

3 湿法炼锌的浸出

3.1 锌焙烧矿的浸出过程及目的

湿法炼锌浸出过程，是以稀硫酸溶液（主要是锌电解过程产生的废电解液）作溶剂，将含锌原料中的有价金属溶解进入溶液的过程。其原料中除锌外，一般还含有铁、铜、镉、钴、镍、砷、锑及稀有金属等元素。在浸出过程中，除锌进入溶液外，金属杂质也会不同程度地溶解随锌一起进入溶液。这些杂质会对锌电积过程产生不良影响，因此在送电积以前必须把有害杂质尽可能除去。在浸出过程中应尽量利用水解沉淀方法将部分杂质（如铁、砷、锑等）除去，以减轻溶液净化的负担。

浸出过程的目的是使原料中的锌尽可能完全溶解进入溶液中，并在浸出终了阶段采取措施，除去部分铁、硅、砷、锑、锗等有害杂质，同时得到沉降速度快、过滤性能好、易于液固分离的浸出矿浆。

浸出使用的锌原料主要有硫化锌精矿（如在氧压浸出时）或硫化锌精矿经过焙烧产出的焙烧矿、氧化锌粉与含锌烟尘以及氧化锌矿等。其中焙烧矿是湿法炼锌浸出过程的主要原料，它是由 ZnO 和其他金属氧化物、脉石等组成的细颗粒物料。焙烧矿的化学成分和物相组成对浸出过程所产生溶液的质量及金属回收率均有很大影响。

3.2 锌焙烧矿的浸出工艺

浸出过程在整个湿法炼锌的生产过程中起着重要的作用。生产实践表明，湿法炼锌的各项技术经济指标，在很大程度上取决于浸出所选择的工艺流程和操作过程中所控制的技术条件。因此，浸出工艺流程的选择非常重要。

为了达到3.1节中所说的目的，大多数湿法炼锌厂都采用连续多段浸出流程，即第一段为中性浸出，第二段为酸性或热酸浸出。通常将锌焙烧矿采用第一段中性浸出，第二段酸性浸出、酸浸渣用火法处理的工艺流程称为常规浸出流程，其典型工艺原则流程见图3-1。

常规浸出流程是将锌焙烧矿与废电解液混合经湿法球磨之后，加入中性浸出槽中，控制浸出过程终点溶液的 pH 值为 5.0~5.2。在此阶段，焙烧矿中的 ZnO 只有一部分溶解，甚至有的工厂中性浸出阶段锌的浸出率只有 20%左右。此时有大量过剩的锌焙砂存在，以保证浸出过程迅速达到终点。这样即使那些在酸性浸出过程中溶解了的杂质（主要是 Fe、As、Sb）也将发生中和沉淀反应，不至于进入溶液中。因此中性浸出的目的，除了使部分锌溶解外，另一个重要目的是保证锌与其他杂质很好地分离。

由于在中性浸出过程中加入了大量过剩的焙砂矿，许多锌没有溶解而进入渣中，故中性浸出的浓缩底流还必须再进行酸性浸出。酸性浸出的目的是尽量保证焙砂中的锌更完全地溶解，同时也要避免大量杂质溶解。所以终点酸度一般控制在 1~5g/L。

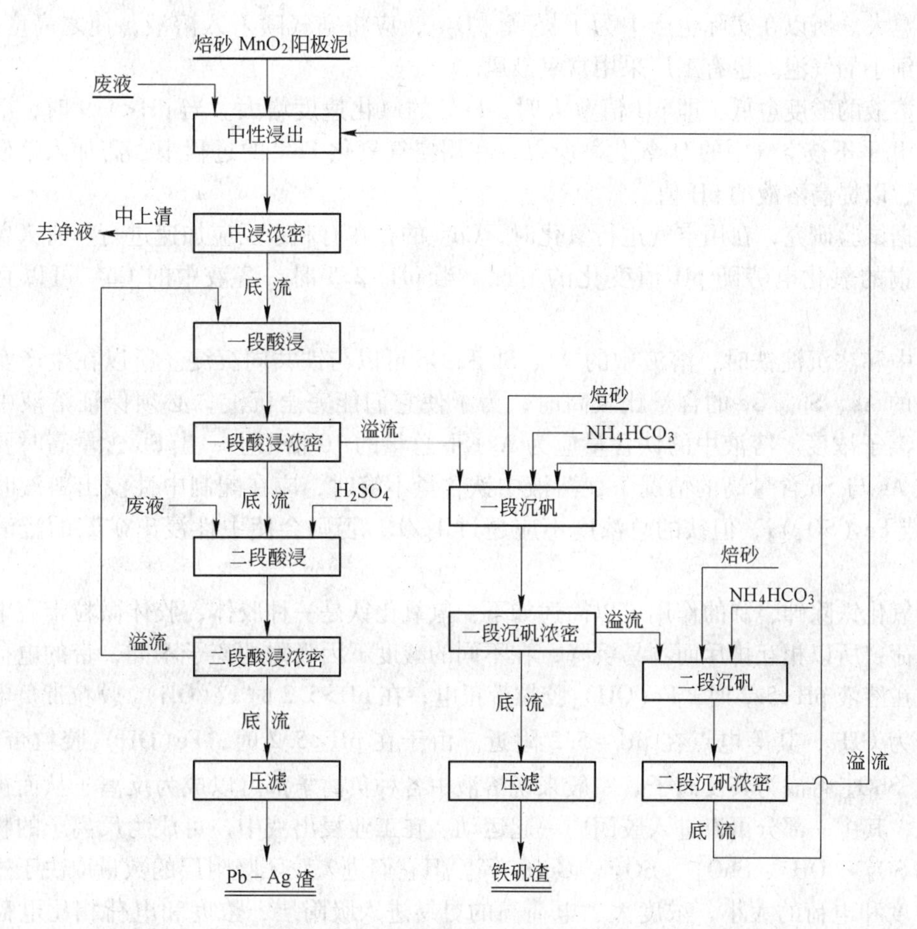

图 3-1 现代广泛采用的热酸检出流程

锌焙砂经过常规法工艺的中性与酸性浸出以后，得到的浸出渣仍含锌高，一般为20%~22%。当处理含铁高的精矿时，渣含锌还会更高。这种浸出渣处理在 20 世纪 70 年代以前都是经过一个火法冶金过程将锌还原挥发出来，变成氧化锌粉再进行湿法处理。这样使湿法炼锌厂的生产流程复杂化，且火法过程的燃料、还原剂和耐火材料消耗很大，生产成本高。对于难溶球状 $ZnO \cdot Fe_2O_3$的溶出，要求有近沸腾温度（95~100℃）和高酸（终酸 40~60g/L）的浸出条件以及较长的时间（3~4h），锌浸出率才能达到99%。

在中性浸出时只有将溶液中的 Fe^{2+}氧化成 Fe^{3+}，才能在终点 pH 值为 5 左右时将 Fe^{3+}以 $Fe(OH)_3$的形式从溶液中完全沉淀下来。为使溶液中 Fe^{2+}氧化为 Fe^{3+}，必须将溶液的电势值提高到 0.8 以上。在生产中提高电势所采用的氧化剂有软锰矿（MnO_2）或鼓入的空气。

锌电解液中锰的含量一般在 3~5g/L 之间波动。软锰矿是锌溶液中 Fe^{2+}的好氧化剂，各个工厂都乐于采用。软锰矿中二氧化锰含量较高，可达 60%以上，所含的主要杂质一般为氧化铁和二氧化硅，对湿法炼锌无大的影响。虽然软锰矿价格不高，供应也较充足，但仍需花费资金，并且会增加渣量，故有的工厂改用空气氧化。

从 Fe^{2+}氧化为 Fe^{3+}的反应速度，除了与 Fe^{2+}本身的浓度有关以外，还与溶解于溶液中的氧浓度及溶液酸度有关。在温度为 20~80℃时，溶液中［O_2］愈大，Fe^{2+}的氧化反应速度便愈大。所以在实际生产中为了提高［O_2］，应将空气喷射入溶液，使之高度分散，产生极细小的气泡。也有工厂采用富氧鼓风。

当溶液的酸度愈低，即 pH 值愈大时，Fe^{2+}的氧化速度增大。当 $pH<1.9$ 时，溶液中的 Fe^{2+}几乎不被空气中的 O_2氧化。所以，在用空气氧化 Fe^{2+}的过程中，需加入焙砂进行预中和，以提高溶液的 pH 值。

根据试验研究，在用空气进行氧化时，Cu^{2+}的存在有利于反应加速进行。有人曾测定过铁和铜的氧化电势随 pH 值变化的情况。当 $pH>2.5$ 时，溶液中的 Cu^{2+}可以直接氧化 Fe^{2+}。

用中和法沉淀铁时，溶液中的 As、Sb 和 Ge 可以与铁共同沉淀。所以在生产实践中溶液中的 As、Sb、Ge 的含量比较高时，为了使它们能完全沉淀，必须保证溶液中有足够的铁离子浓度。溶液中的铁含量应为 As+Sb 总量的 10 倍以上，当 Sb 含量高时要求更高。在 As 与 Sb 含量高的情况下，溶液中铁含量不够时，应在配制中性浸出料液时加入 $FeSO_4$或 $Fe_2(SO_4)_3$，但铁的总浓度不应超过 1g/L，否则会使中性浸出矿浆的澄清性质变差。

氢氧化铁除砷、锑的作用可以简述如下：氢氧化铁是一种胶体，胶体微粒带有电性相同的电荷，所以相互排斥而不易沉降，在不同的酸度下因吸附的离子不同，带的电荷亦不相同。在溶液 $pH<5.2$ 时，$Fe(OH)_3$胶粒带正电；在 $pH>5.2$ 时 $Fe(OH)_3$ 胶粒带负电，定位离子为 OH^-，其等电点在 $pH=5.2$ 附近。由于在 $pH<5.2$ 时，$Fe(OH)_3$胶粒带正电，AsO_4^{3-}、SbO_4^{3-}将成为其反离子。一般来说溶液中各种负离子都可以成为反离子从而被胶核所吸引，其中一部分可以进入胶团内一起运动。在工业浸出液中，可成为反离子的物质很多，如 SO_4^{2-}、OH^-、SbO_4^{3-}、SO_4^{2-}、GeO_4^{2-}等。但它们进入胶团吸附层的数量取决于这些离子的浓度和电荷的大小，浓度大、电荷高的更易进入吸附层，浓度和电荷相比电荷作用更大。因此进入氢氧化铁胶粒吸附层的负离子主要是 AsO_4^{3-}、SbO_4^{3-}、SO_4^{2-}，也会有少量的 SO_4^{2-}和 OH^-等。砷、锑只有在溶液酸度很高的情况下方能以阳离子 As^{5+}、Sb^{5+}的形式存在。对于中性浸出，终点 pH 控制在 5.2 以上的溶液，砷、锑将主要以配位离子 AsO_4^{3-}、SbO_4^{3-}形式存在，金属砷、锑离子是极少的。尽管溶液中 AsO_4^{3-}、SbO_4^{3-}的浓度较 SO_4^{2-}低得多，但它们在荷电方面却占有极大优势，故可以被氢氧化铁胶核吸附在表面层中。

3.2.1　中性浸出

3.2.1.1　工艺原理

在氧化槽中加入废电解液、混合液、沉矾上清液和阳极泥料浆以及锰矿粉，控制槽内酸度为 40~60g/L，保证滤液含 Fe^{2+}小于 0.1g/L，经槽上的溢流口连续进入中性浸出槽的第 1 槽。

中性浸出目的是最大限度地将焙砂中的锌浸出来，将其中有害杂质如砷、锑、铁、锗等除去。中性浸出槽 4 台串联连续操作。焙砂料经过螺旋运输机加入中性浸出第 1、3 槽。与此同时，氧化液经溜槽自流入中浸第 1 槽，废电解液按酸锌配比加入氧化槽和中浸第 1 槽，通过调节焙砂加入量，用 pH 试纸测定，保持第 4 槽出口 $pH=4.8\sim5.2$ 。从中浸槽出来的矿浆自流入 2 台 ϕ21m 中浸浓密机进行液固分离，在进浓密机的溜槽处加入凝聚剂溶液。浓密溢流流入中浸溢流槽，即为中上清液，经泵送净液车间，中浸底流经泵打入预中和第 1 槽。

3.2.1.2 主要化学反应

中性浸出过程中发生的化学反应主要有：

$$ZnO+H_2SO_4 = ZnSO_4+H_2O$$
$$FeSO_4+MnO_2+H_2SO_4 = Fe_2(SO_4)_3+MnSO_4+2H_2O$$
$$Fe_2(SO_4)_3+6H_2O = 2Fe(OH)_3\downarrow +H_2SO_4$$
$$As_2(SO_4)_3+3ZnO+3H_2O = As_2O_3\cdot 3H_2O\downarrow +3ZnSO_4$$
$$Sb_2(SO_4)_3+3ZnO+3H_2O = Sb_2O_3\cdot 3H_2O\downarrow +3ZnSO_4$$
$$H_3AsO_3+4Fe(OH)_3 = Fe_4O_5(OH)_5As\downarrow +5H_2O$$
$$H_3SbO_3+4Fe(OH)_3 = Fe_4O_5(OH)_5Sb\downarrow +5H_2O$$

3.2.1.3 工艺技术条件

(1) 氧化液的配制。

1) 氧化液成分，见表 3-1。

表 3-1 氧化液成分

成 分	Fe^{2+}	$Fe_{全}$	H_2SO_4
含 量	<0.1 g/L	1~2.0g/L	20~60g/L

2) 反应温度：50~60℃。

3) 反应时间：0.5h。

(2) 中性浸出。

1) 始酸：20~60g/L。

2) 终点 pH 值：5.0~5.4。

3) 反应温度：65~75℃。

4) 反应时间：1.5~2h。

5) 浸出液固比：(7~9)：1。

6) 中浸液成分，见表 3-2。

表 3-2 中性浸出液成分

成 分	Zn	Fe	含固量
含 量	140~160g/L	<0.02g/L	<1.5 g/L（湿分抽干开裂）

3.2.1.4 工艺流程图

中性浸出的工艺流程如图 3-2 所示。

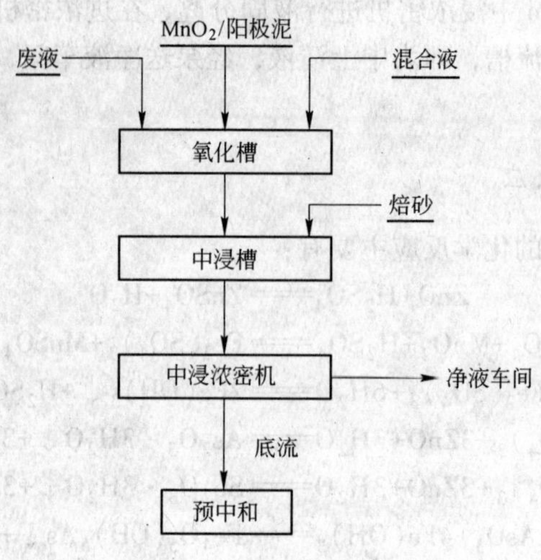

图 3-2 中性浸出的流程

3.2.2 预中和

3.2.2.1 原辅材料标准

混合焙砂成分要求见表 3-3。

表 3-3 混合焙砂成分

成 分	Zn	$Zn_{可}$	$S_{残}$	$SiO_{2可}$	$Fe_{可}$	粒 度	
						+178μm	−74μm
含 量	≥51%	≥43%	≤0.65%	≤1.2%	≤5%	≤6.0%	65%~80%

3.2.2.2 工艺原理

预中和的作用是用中浸浓密机底流和焙砂中和高酸浸出溢流中的酸，为沉矾需要的酸度创造条件。预中和槽 4 台串联连续操作，预中和第 1 槽加中浸底流矿浆，第 2 槽加焙砂，控制预中和终点酸度在 5~10g/L，从预中和第 4 槽出来的矿浆自流入 2 台 ϕ21m 浓密机，浓密溢流自流入预中和溢流槽，经泵打入沉矾前螺旋板式加热器加热后进入沉矾槽，浓密底流用泵送往高浸槽。

3.2.2.3 工艺技术条件

(1) 第 1 槽出口酸度：<20~25g/L。
(2) 第 4 槽出口酸度：<15g/L。
(3) 反应温度：70~80℃，在不加蒸汽条件下允许反应温度大于 80℃。
(4) 反应时间：3~4h。

3.2.2.4 工艺流程

预中和的工艺流程如图 3-3 所示。

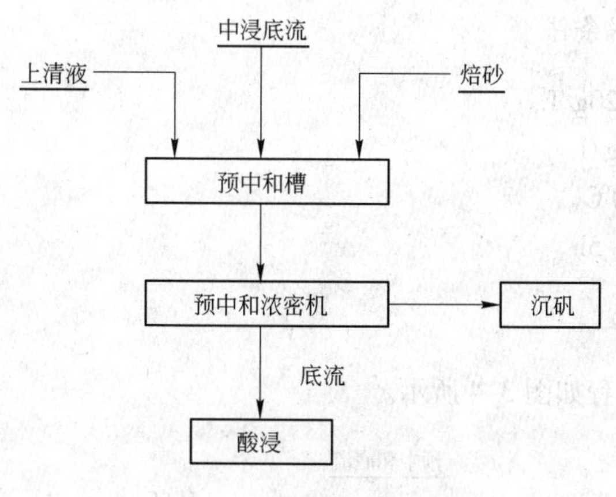

图 3-3 预中和工艺流程

3.2.3 酸性浸出

锌焙砂经过常规法工艺的中性与酸性浸出以后，得到的浸出渣含锌仍高，一般为 20%~22%。当处理含铁高的精矿时，渣含锌还会更高。

在 20 世纪 70 年代以前，这种浸出渣处理都是经过一个火法冶金过程将锌还原挥发出来，变成氧化锌粉再进行湿法处理。这样湿法炼锌厂的生产流程复杂，且火法过程的燃料、还原剂和耐火材料消耗很大，生产成本高。

为了解决浸出渣的处理问题，必须清楚地了解渣中锌是以什么形态存在的。表 3-4 是几个工厂浸出渣中锌的物相分析结果，以占渣中总锌的百分数表示。

表 3-4 锌在浸出渣中按不同形态分配的百分数 %

序号	$ZnO \cdot Fe_2O_3$	ZnS	$ZnSiO_3$	ZnO	$ZnSO_4$	$Zn_{总}$
1	61.2	15.8	2.2	2.7	18.1	100（22.2）
2	94.9	—	1.8	2.2	1.1	100（20.4）
3	80.2	10.7	—	1.6	7.5	100（18.7）

从表 3-4 所列数据可以看出，铁酸锌中的锌量占渣中总锌量的 60%以上。这说明，在一般的湿法炼锌浸出过程中，铁酸锌将不溶解而进入渣中。

研究表明，温度升高对强化铁酸锌的分解是必要的。但在温度升高时，pH 值变小，所以必须采用高硫酸浓度。锌焙砂中铁酸锌呈球状，其表面积在热酸浸出过程中是变化的，过程会呈现“缩核模型”动力学特征，即 $ZnO \cdot Fe_2O_3$ 的酸溶速率与表面积呈正比。对于难溶球状 $ZnO \cdot Fe_2O_3$ 的溶出，要求有近沸温度和高酸的浸出条件以及较长的时间，锌浸出率才能达到 99%。

3.2.3.1 工艺原理

高酸浸出槽多台串联组成，预中和底流、废电解液和浓硫酸加入第 1 槽，从最后槽出来的矿浆经溜槽自流入高浸浓密机，浓密溢流自流入高浸溢流槽，经泵打入预中和第 1 槽，浓密底流送往渣过滤工段。

3.2.3.2 工艺技术条件

(1) 始酸：100~120g/L。
(2) 终酸：50~70g/L。
(3) 反应温度：90℃。
(4) 反应时间：3~5h。

3.2.3.3 工艺流程

酸性浸出的工艺流程如图 3-4 所示。

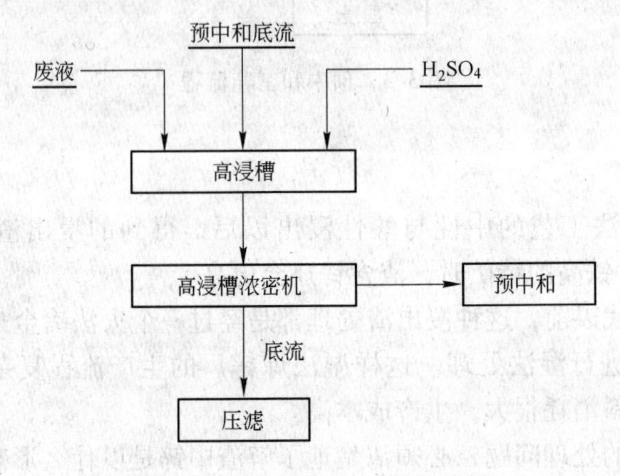

图 3-4 酸性浸出工艺流程

3.2.4 沉矾

浸出渣采用热酸浸出，可使以铁酸锌形态存在的锌的浸出率达 90%以上，显著提高了金属的提取率，同时大量铁、砷等杂质也会进入溶液，使浸出液中的含铁量高达 30g/L 以上。对于这种含铁高的浸出液，若采用中性浸出过程所采用的那种中和水解法除铁，则会因产生大量的 $Fe(OH)_3$胶状沉淀物而使中性浸出矿浆难以沉降、过滤和渣洗涤，甚至导致生产过程由于固液分离困难而无法进行。为了从含铁高的溶液中沉铁，自 20 世纪 60 年代末以来，先后在工业上应用的沉铁方法有黄钾铁矾法、转化法、针铁矿法、赤铁矿法。这些方法与传统的水解法相比较，其优点是铁的沉淀结晶好，易于沉淀、过滤和洗涤。目前国内外采用黄钾铁矾法最多，其他方法只有少数工厂采用。

3.2.4.1 黄钾铁矾法工艺原理

为了溶解中浸渣中的 $ZnO \cdot Fe_2O_3$，将中浸渣加入到起始 H_2SO_4浓度大于 100g/L 的溶液中，在 85~95℃下经几小时浸出。浸出后的热酸液 H_2SO_4浓度大于 20~25g/L，通过加焙砂调整 pH 值为 1.1~1.5，再将生成黄钾铁矾所必需的一价阳离子（如 NH_4^+、Na^+、K^+）加入，在 90~100℃下迅速生成铁矾沉淀，而残留在锌溶液中的铁仅为 1~3g/L。

铁矾的组成一般包含有+1 价和+3 价两种阳离子，其中+3 价离子是要除去的 Fe^{3+}离子，而+1 价阳离子（A^+）可以是 K^+、Na^+、NH_4^+ 等，因此其化学通式为 $AFe_3(SO_4)_2$

$(OH)_6$。在湿法炼锌生产上，考虑含 K^+ 的试剂太昂贵，常以 NH_4^+ 或 Na^+ 作沉铁剂。其主要沉铁反应为：

$$3Fe_2(SO_4)_3+10H_2O+2NH_3 \cdot H_2O = (NH_4)_2Fe_6(SO_4)_4(OH)_2\downarrow +5H_2SO_4$$

$$3Fe_2(SO_4)_3+12H_2O+Na_2SO_4 = Na_2Fe_6(SO_4)_4(OH)_{12}\downarrow +6H_2SO_4$$

沉矾槽 6 台串联组成，在第 1 槽预中和后液加碳酸氢铵、碳酸氢钠及锰矿粉，保持沉矾酸度为 15 ~22g/L，从第 6 槽出来的溶液经溜槽自流入 2 台 ϕ21m 沉矾浓密机。浓密溢流自流入沉矾溢流槽，经泵送入混合液贮槽，浓密机底流送往渣过滤工段。

3.2.4.2 工艺技术条件

（1）始酸：5~15g/L。

（2）终酸：15~25g/L。

（3）反应温度：95℃，首槽除外。

（4）反应时间：4~6h。

3.2.4.3 工艺流程图

沉矾的工艺流程如图 3-5 所示。

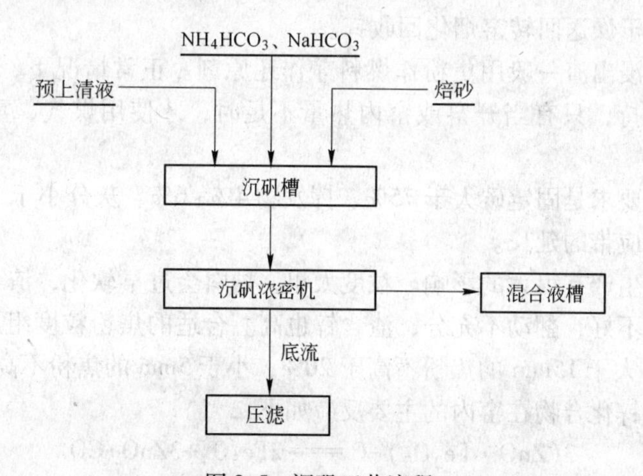

图 3-5 沉矾工艺流程

3.2.5 锌浸出渣的组成及其处理方法

经常规法浸出后的浸出渣一般还含有 18%~26%的锌及其他有价金属，因此，浸出渣还必须进一步处理，以回收其中的锌及有价金属。

锌焙烧矿中的硫化锌和铁酸锌，在一般浸出条件下是不会溶解于稀硫酸溶液的，可以认为完全残留在浸出渣中。这是浸出渣含锌高的主要原因。例如某厂的浸出渣的主要物相成分如表 3-5 所列。

表 3-5 某厂浸出渣的主要物相成分 %

锌的形态	$Zn_{总}$	$ZnO \cdot Fe_2O_3$	$ZnO \cdot SiO_2$	ZnS	ZnO	$ZnSO_4$
含锌量	12.5~13.5	12.3~13.5	0.5~0.7	3.5~4.0	0.2~0.8	3.5~4.5

浸出渣中的锌主要包括在浸出条件下不溶解的铁酸锌（$ZnO \cdot Fe_2O_3$）、硫化锌（ZnS）以及部分未溶解的氧化锌（ZnO）。其处理方法一般分为火法和湿法两种。火法处理是将浸出渣与焦粉相混合，用回转窑、蒸馏炉、竖炉、鼓风炉处理，将渣中的锌、铅、镉还原挥发出来，烟气经沉降、冷却、袋式收尘，最终得到含铅氧化锌粉。湿法处理是浸出渣通过高温高酸浸出，渣中的铁酸锌等溶解，然后用不同方法使已浸出的铁生成易于过滤的沉淀物而除去。

火法处理和湿法处理各有优点，但也各存在不足之处。火法处理锌金属总回收率较高，流程简单，但其挥发窑维修量大，耐火材料消耗高，能耗大，作业环境条件差，劳动强度高，贵金属难以回收。湿法处理明显提高了锌、铜、镉等有价金属的浸出率，渣率低，并富集了铅及贵金属，有利于贵金属的回收，而且其操作环境及劳动强度明显优于火法。目前国内外诸多厂家采用湿法流程处理浸出渣。浸出渣的热酸浸出及沉铁过程，已在目前面各节作了详细介绍，下面叙述火法处理锌浸出渣。

3.2.5.1　回转窑烟化法处理浸出渣

在株洲冶炼厂的流程中，酸性底流经莫尔真空过滤机或水平真空带式过滤机过滤后送银浮选，新建厂银浮选回收率达到60%。浮选尾矿经圆盘真空过滤机或箱式压滤机过滤后，所得浸出渣经干燥送回转窑烟化回收锌。

回转窑处理锌浸出渣一般用焦粉作燃料兼作还原剂。正常情况下，窑温主要靠焦粉、锌蒸汽的燃烧来维持，只有当开窑或窑内热量不足时，才使用煤气、重油或粉煤等辅助燃料。

对焦粉的一般要求是固定碳大于75%、挥发物4%~6%、灰分小于20%。焦粉中挥发物过高，不利于反应带的延长。

焦粉的粒度对生产有很大的影响。粒度太粗，炉料会过早软化，渣含锌升高；粒度太细，炉料的透气性不好，翻动不充分，渣含锌也高。合适的焦粉粒度组成为：5~10mm 的焦粉不低于50%，大于15mm 的焦粉不高于20%，小于5mm 的焦粉不高于30%。

浸出渣中铅、锌化合物在窑内的主要反应如下：

$$3(ZnO \cdot Fe_2O_3)+C = 2Fe_3O_4+3ZnO+CO$$

$$ZnO \cdot Fe_2O_3+CO = ZnO+2FeO+CO_2$$

$$ZnO+CO = Zn_{(g)}+CO_2$$

$$Fe_2O_3+CO = 2FeO+CO_2$$

$$FeO+CO = Fe+CO_2$$

$$ZnO+Fe = Zn_{(g)}+FeO$$

$$ZnSO_4 = ZnO+SO_2+1/2O_2$$

$$ZnO \cdot SiO_2+C = Zn_{(g)}+SiO_2+CO$$

$$ZnO \cdot SiO_2+CO = Zn_{(g)}+SiO_2+CO_2$$

$$PbSO_4+2C = Pb_{(g)}+2CO_2$$

$$2PbO \cdot SiO_2+C = 2Pb_{(l,g)}+SiO_2+CO_2$$

$$2PbS+3O_2 = 2PbO_{(l,g)}+2SO_2$$

浸出渣中的镉、铟、锗易挥发，可随烟气净化进入氧化锌粉中，从而使这些金属得到富集。

回转窑处理锌浸出渣的工艺流程见图3-6。回转窑的技术操作条件主要包括以下参数的控制：

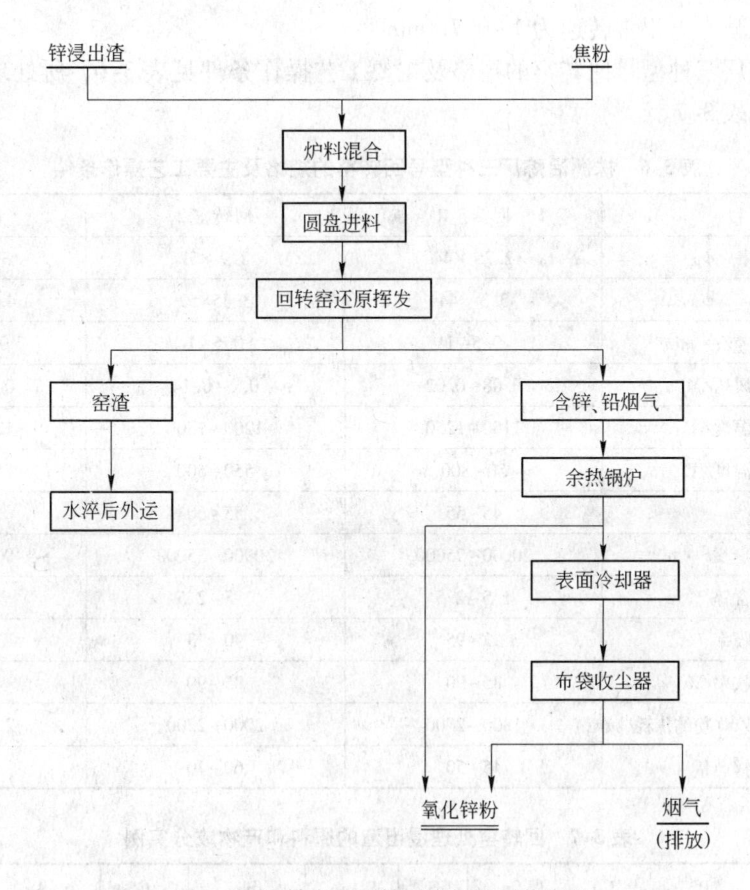

图3-6　回转窑处理锌浸出渣的工艺流程

（1）温度。窑内温度愈高，铅、锌氧化物的还原愈快，挥发愈完全。但温度过高，窑内衬腐蚀加剧，大大缩短内衬寿命，且可能产生炉料熔化，形成炉结，恶化操作过程，降低金属回收率。因此应根据炉料的熔点及性质控制适宜的温度。窑内温度沿窑长方向可分为干燥带、预热带、反应带、冷却带。其中反应带最长，温度最高，一般为1100~1250℃；窑尾烟气温度650~800℃。

（2）焦率。焦率是指加入的焦粉量与干浸出渣量之比的百分数，一般为50%左右。焦率过高，窑内温度太高，还原性气氛太强，随渣排出的剩余焦粉增加；焦率过低，则炉料失去松散性，透气性差，可能产生黏结，致使炉料还原反应不完全，降低金属回收率。

（3）窑内负压。窑内负压一般控制在50~80Pa。负压过大，进入窑内空气增多，反应带后移，窑尾温度升高，进料溜子易损坏，甚至有细颗粒料进入烟道，影响氧化锌的质量。负压过小，窑内空气不足，反应带前移，渣含锌增高，甚至窑前有可能出现冒火现象。

（4）强制鼓风。强制鼓风可使窑内反应带延长，并能将炉料吹起形成良好的翻动，可提高生产能力，并延长窑的使用寿命。强制鼓风压力一般为0.1~0.2MPa。

（5）窑身转速。窑身转速对于炉料在窑内停留时间、反应速度及反应的完全程度有很大的影响。转速太快，炉料在窑内停留时间短，虽然翻动良好，但反应不完全，渣含锌升高。转速太慢，炉料在窑内停留时间相应变长，焦粉虽能够完全燃烧，但易使炉料发黏，处理能力也就减小。正常转速为 1～0.7r/min。

株洲冶炼厂三种型号回转窑的规格及主要工艺操作条件见表 3-6，所处理的浸出渣及氧化锌成分见表 3-7。

表 3-6　株洲冶炼厂三种型号回转窑的规格及主要工艺操作条件

项　目		回转窑 1	回转窑 2	回转窑 3
大小/m	$\phi_{内}$	2.75 ×44	2.9 ×52	3.6 ×58.2
	$\phi_{外}$	3.3 ×44	3.45×52	4.15 ×58.2
工艺操作条件	窑转速/r · min^{-1}	0.5～1	0.5～1	0.5～0.67
	压缩风压/MPa	0.08～0.02	0.1～0.14	0.16～0.20
	最高温度/℃	1150～1250	1200～1300	1200～1300
	窑尾温度/℃	50～800	550～800	550～800
	焦率/%	45～55	55～60	55～60
	烟气量/m^3 · h^{-1}	20000～25000	30000～35000	40000～50000
主要技术指标	窑渣含锌/%	1.5～2.5	1.8～2.5	2～3
	锌回收率/%	92～95	90～93	90～92
	铅回收率/%	85～90	85～90	85～90
	每吨 ZnO 粉的焦耗/kg	1800～2000	2000～2200	2200～2400
	氧化锌产量/t · d^{-1}	45～50	60～70	95～120

表 3-7　回转窑处理浸出渣的原料和产物成分实例　　%

物料	Zn	Pb	Cd	Cu	S	As	Sb	C	Ag	In
浸出渣	20～22	3.2～3.5	0.3～0.35	0.83	6～7	0.8～1.0	0.2～0.3	—	0.022～0.03	0.05～0.06
窑渣	3.5～2.5	0.3～0.5	0.1	0.7～1.2	4～5	0.4～0.5	0.06～0.1	15～25	0.015～0.02	0.016～0.02
氧化锌粉	60～62	8～10	1.5～2.5	—	2～3	0.4～0.5	0.06～0.15	2.5～3.5	0.015～0.02	0.15～0.18

产出的氧化锌粉经多膛炉脱氟、氯，煤粉铁屑干燥后浸出渣送氧化锌浸出系统进行浸出；窑渣经风选回收焦炭后堆存或外销。

浸出渣中有价金属的回收率见表 3-8。

表 3-8　浸出渣中有价金属的回收率　　%

有价金属	Zn	Pb	In	Ge	Ga	Cd
回收率	92～94	82～84	80～85	32～35	14	90～92

3.2.5.2　矮鼓风炉处理湿法炼锌浸出渣

我国鸡街冶炼厂采用矮鼓风炉处理湿法炼锌浸出渣，其工艺流程如图 3-7 所示。锌浸出渣经过干燥，根据其化学成分，选择合适的渣型，配入一定的还原剂、熔剂和黏合剂，经制成具有一定规格和强度的团块后，与一定量的焦炭一起入矮鼓风炉进行还原熔炼。在熔炼过程中，铁将被还原。为了避免炉底积铁，通过风口鼓风将还原出来的铁再次氧化，使其进入渣中而排出炉外。此过程中主要的化学反应如下：

$$C+O_2 = CO_2$$

$$CO_2+C = 2CO$$

$$PbSO_4+4CO = PbS+4CO_2$$

$$PbS+PbSO_4 = 2Pb+2SO_2$$

$$ZnO+Fe_2O_3+3CO = ZnO+2Fe+3CO_2$$

$$ZnSO_4 = Zn+SO_2+1/2O_2$$

$$FeO \longrightarrow FeO \longrightarrow Fe$$

$$ZnS+Fe = Zn+FeS$$

$$2FeO+SiO_2 = 2FeO \cdot SiO_2$$

$$2CaO+SiO_2 = 2CaO \cdot SiO_2$$

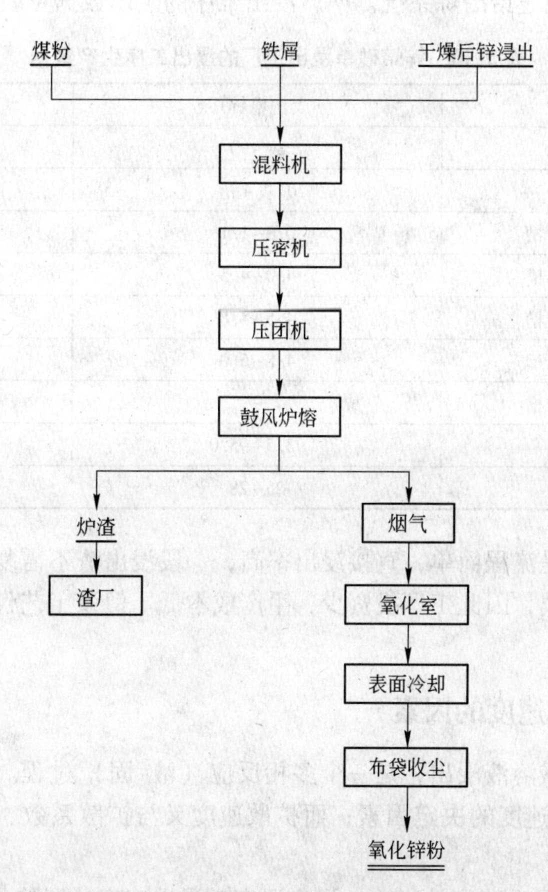

图 3-7 矮鼓风炉处理锌浸出渣的工艺流程

鸡街冶炼厂使用的矮鼓风炉规格为；炉长 1.9m，风口区截面积 1.52m^2；风口直径为 ϕ75mm，共有 16 个风口。其原料与产物成分见表 3-9。

表 3-9　矮鼓风炉处理浸出渣的原料与产物成分　　%

物　料	Zn	Pb	Fe	Cd	As	H_2O
浸出渣	15~20	5	8~10	0.3	0.05	40~45
入炉团块	10~12	3~5	10~12	0.28	0.03	<12
氧化锌粉	40~45	12~20	1~1.5	0.8~1.0	0.5~1.0	—

该厂用矮鼓风炉处理浸出渣的主要技术经济指标为：锌的回收率 90%，铅回收率 95%，渣含锌小于 2%，每吨氧化锌粉耗焦 700kg、耗粉煤 1.21t，炉子床能率为 25t/(m^2 · d)。

矮鼓风炉处理锌浸出渣的工艺流程如图 3-7 所示。

3.2.5.3　锌浸出渣送铅熔炼处理

日本神冈铅锌冶炼厂和美国熔炼公司电锌厂浸出用的焙砂含锌很高，含铁较低，可溶锌率高，因此均采用一段连续浸出流程。尽管只采用一段连续浸出工艺，但浸出率可达 94%左右，所产浸出渣送铅冶炼系统。两厂浸出工序的生产数据见表 3-10。

表 3-10　锌焙砂单浸出工厂的浸出工序生产数据

项　目		美国电锌厂	日本神冈铅锌厂
浸出温度/℃		80~90	85~90
浸出槽数		串联 4 槽	串联 6 槽
pH 值控制	1 号槽	0.8~1.1	1.0
	2 号槽	4.0~4.5	1.5~2.0
	3 号槽	4.5~4.8	—
	4 号槽	4.8~5.0	3.5~4.0
	5 号槽	—	5.0~5.4
浸出率/%		93.5~95.0	94.0
浸出渣率/%		25~28	23~25

上述工艺的特点是流程简单，直接浸出率高，一段浸出渣不需复浸出或烟化处理即可送炼铅厂回收有价金属，因此工厂投资少，生产成本低。但该工艺仅适用于处理低铁高锌物料。

3.3　影响浸出反应速度的因素

锌焙烧矿用稀硫酸溶液浸出，是一个多相反应（液-固）过程。一般认为物质的扩散速度是液-固多相反应速度的决定因素；而扩散速度又与扩散系数、扩散层厚度等一系列因素有关。

（1）浸出温度对浸出速度的影响。浸出温度对浸出速度的影响是多方面的。因为扩散系数与浸出温度成正比，所以提高浸出温度就能增大扩散系数，从而加快浸出速度。随着浸出温度的升高，固体颗粒中可溶物质在溶液中的溶解度增大，也可使浸出速度加快。此外提高浸出温度可以降低浸出液的黏度，有利于物质的扩散进而提高浸出速度。一些试验说明，锌焙烧矿浸出温度由 40℃升高到 80℃，溶解的锌量可增多 7.5%。常规湿法炼锌的浸出温度为 60~80℃。

（2）矿浆的搅拌强度对浸出速度的影响。扩散速度与扩散层的厚度成反比，即扩散层厚度减薄，就能加快浸出速度。扩散层的厚度与矿浆的搅拌强度成反比，即提高矿浆搅拌强度，可以使扩散层的厚度减薄，从而加快浸出速度。应当指出，虽然加大矿浆的搅拌强度，能使扩散层减薄，但不能用无限加大矿浆搅拌强度来完全消除扩散层。这是因为，当增大搅拌强度而使整个流体达到极大的湍流时固体表面层的液体相对运动仍处于层流状态。另外，扩散层饱和溶液与固体颗粒之间存在着一定的附着力，强烈搅拌，也不能完全消除这种附着力，因而也就不能完全消除扩散层。所以过分地加大搅拌强度，只能无谓地增加能耗。

（3）酸浓度对浸出速度的影响。浸出液中硫酸的浓度愈大，浸出速度愈大，金属回收率愈高。但在常规浸出流程中硫酸浓度不能过高，因为这会引起铁等杂质大量进入浸出液，进而会给矿浆的澄清与过滤带来困难，降低 $ZnSO_4$溶液质量，影响湿法炼锌的技术经济指标。此外，硫酸浓度增大还会腐蚀设备，引起结晶析出，堵塞管道。

（4）焙烧矿本身性质对浸出速度的影响。焙烧矿中的锌含量愈高，可溶锌量愈高，浸出速度愈大，浸出率愈高。焙烧矿中 SiO_2的可溶率愈高，则浸出速度愈低。焙烧矿粒的表面积愈大（包括粒度小、孔隙度大、表面粗糙等），浸出速度愈快。但是粒度也不能过细，因为这会导致浸出后液固分离困难，且也不利于浸出。一般粒度以 0.15~0.2mm 为宜。为了使焙烧矿与浸出液（电解废液和酸性浸出液）良好接触，先要进行浆化，然后进行球磨与分级。实际上，浸出过程在此开始，且大部分的锌在这一阶段就已溶解。

（5）矿浆黏度对浸出速度的影响。扩散系数与矿浆的黏度成反比。这主要是因为黏度的增加会妨碍反应物和生成物分子或离子的扩散。影响矿浆黏度的因素除温度、焙砂的化学组成和粒度外，还有浸出时矿浆的液固比。矿浆液固比愈大，其黏度就愈小。

综上所述，影响浸出速度的因素很多，而且它们之间，又互相联系、互相制约，不能只强调某一因素而忽视另一因素。要获得适当的浸出速度，必须从生产实际出发，全面分析各种影响因素，并经过反复试验，从技术上和经济上进行比较，然后选择最佳的控制条件。

3.4　常用浸出设备

3.4.1　浸出槽

浸出槽是浸出的重要设备。浸出槽分为空气搅拌槽（见图 3-8）和机械搅拌槽（见图 3-9 和图 3-10）。空气搅拌槽是借助压缩空气来搅拌矿浆。机械搅拌槽是借助动力驱动螺旋桨来搅拌矿浆。槽体一般用混凝土或钢板制成，内衬耐酸材料如铅皮、瓷砖、环氧玻璃钢等。浸出槽的容积一般为 50~100m³，目前已趋向大型化，如 120m³、140m³、190m³、250m³ 和 300m³ 都有工业应用。

3.4.1.1　空气搅拌槽

空气搅拌槽又名帕秋卡槽，一般内径 4m，槽深 10.5m。槽体为钢筋混凝土捣制，内

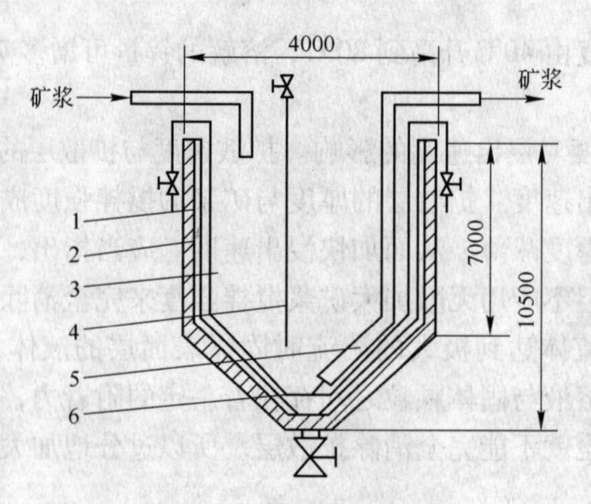

图 3-8　空气搅拌浸出槽

1—混凝土槽体；2—防护衬里；3—搅拌用风管；4—蒸汽管；5—扬升器；6—扬升器用风管

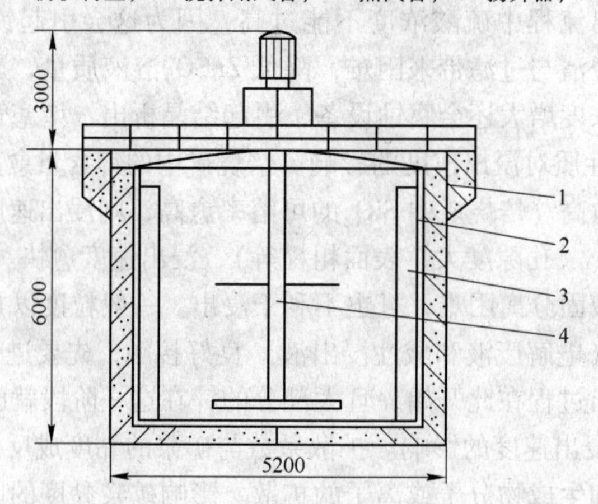

图 3-9　机械搅拌（无导流筒）浸出槽

1—混凝土槽体；2—防腐层；3—阻尼板；4—搅拌机

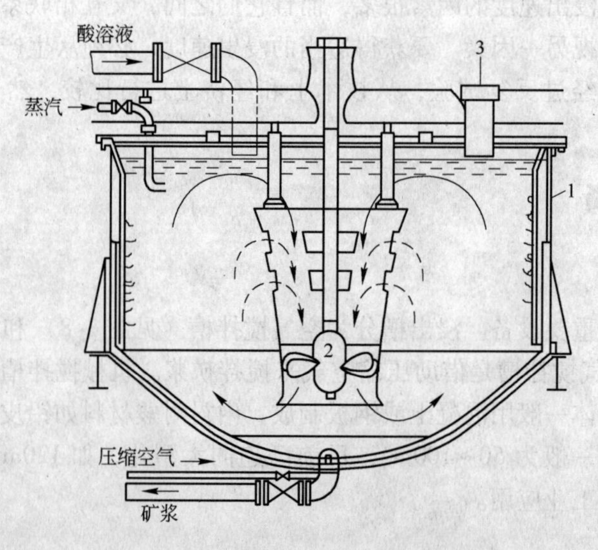

图 3-10　机械搅拌（有导流筒）浸出槽

1—槽体；2—搅拌桨；3—焙砂加入孔

衬玻璃钢，如需耐强酸应加衬瓷砖。槽底为锥形，并设有底阀作事故处理和捣槽、清槽用。槽内装有两根压缩空气管通向锥底，通以 0. 13~0. 16MPa 的压缩风，以使矿浆处于剧烈翻腾运动状态。另设置一根蒸汽管用以直接加热矿浆。矿浆输出靠槽内两个矿浆扬升器吹出。矿浆扬升器是一根插入锥底的长管，规格为 ϕ259mm×10400mm，扬升器风管为 ϕ89mm×9858mm。扬升管下部是喇叭口形，扬升风管插入喇叭口处。操作时扬升风管送入压缩风，由于空气导入扬升器，扬升器内便充满矿浆和空气的混合物，这就与扬升器外的矿浆形成密度差，借助压缩风的驱动，矿浆便沿着扬升器上升被导出槽外。连续浸出靠这种扬升器把几个浸出槽串联起来，并把矿浆扬升至输出溜槽，但也可以将浸出槽建成阶梯形利用高度压差实现串接。

实践证明，空气浸出槽处理能力大，每小时每立方米能处理中性矿浆 1. 62m^3，或处理酸性矿浆 0. 71m^3。此外，充气对浸出过程起强化氧化作用，对提高浸出上清液质量有利。它的不足之处在于风压不够时容易造成死槽、堵槽、渣含锌过高，加重了捣槽、清槽的工作量，另外蒸汽消耗量大，现场环境恶劣。

3. 4. 1. 2 机械搅拌槽

机械搅拌槽由搅拌装置、槽体、槽盖和桥架组成。搅拌装置是浸出槽的重要部件，根据不同的工艺条件选择不同形式的搅拌装置。搅拌装置的作用是使搅拌槽内的固体颗粒在溶液中均匀悬浮，以加速固液间的传质过程。传统的搅拌机采用开启式折叶涡轮，使介质在槽内既产生轴向流又产生径向流，从而使矿浆颗粒不断出现新的界面，以利于传质和混合过程的实现。搅拌强度是强化浸出过程的重要参数，它取决于工艺过程的要求，由计算结合生产经验确立，一般为 50~85r/min。改进后的搅拌装置设双层桨叶，既保留了折叶涡轮的优点，又大大节约了能耗，取消了容易腐蚀的导流筒，在槽内增设挡板，以实现最佳搅拌效果。如不设挡板，则可改变槽型，如改成八角型槽。一般槽型选用立式圆筒形槽体，平底平盖，下部设置清渣入孔及放液口。浸出槽一般呈阶梯形配置，实现多槽串接，其优点是这种浸出槽捣槽方便，堵槽少，动力消耗小，浸出渣含锌比空气搅拌槽低一个百分点，且现场环境较好，易于实现自动控制。

3. 4. 2 液固分离设备

湿法炼锌液固分离的设备有浓密机和各类过滤机。

3. 4. 2. 1 浓密机

浓密机又称沉降器、增浓器或浓缩槽，如图 3- 11 所示。广泛应用的是单层连续式耙集沉降器。其浓缩原理与分级沉降一样，借助固体颗粒的重力自然沉降。

浓密机大小依据生产量和浓缩能力来确定，直径有 9m、12m、18m、21m 等不同型号。浓密机由槽体、耙子、桥架、传动装置、提升装置和槽盖组成。槽体为钢筋混凝土结构内衬玻璃钢，在锥形槽底再砌一层耐酸瓷砖以保证其耐磨性和耐腐蚀性。耙子采用316L 不锈钢，当负荷超过规定限度时，报警器报警，耙子自动提升排除故障后，可电动或手动将耙下降。槽内中心悬有缓冲筒，起到导流和缓冲作用。矿浆进入槽内由筒体下落至 1m 后才向四周流动，这样颗粒就在中心部分大量沉降，而筒体外的上清区则保持平静

图 3-11　浓密机

状态，更可保证上清质量。

浓密机内分为上清区、澄清区、浓泥区。当矿浆进入浓密机后，固体离子在重力作用下开始下沉，大颗粒在锥形底部形成沉淀层，其上形成液固混合的悬浮层，再上是含固较少的上清层。作业中，力求槽内上清区所占的体积愈大愈好，而浓泥区保持在最小的高度，以利提高浓密机的生产能力。控制一定的（底流）密度，可间断排渣，也可以连续排渣。生产中为了加快浓缩与澄清速度，通常加入适量的凝聚剂（一般为聚丙烯酰胺，俗称 3 号凝聚剂），以促进固体离子相互聚集而形成絮凝块快速沉降。但凝聚剂也是一种透明胶体，不能过多，否则适得其反。

影响浓缩澄清的因素很多，主要有矿浆的 pH 值、矿浆的化学成分、固体颗粒的粒度、液固比、3 号凝聚剂用量以及排渣操作等。

浓密机始用于 1905 年，具有作业连续、生产稳定可靠、能耗低、操作简单等优点，因而得到广泛应用。其缺点是生产效率低，占地面积大。

浓密机的面积可按下式计算：

$$F = Q/A$$

式中　F——需要浓密机面积，m^2；

Q——需要的上清液量，m^3/d；

A——单位面积上清液的产率，$m^3/(m^2 \cdot d)$。

A 值可按类似工厂生产指标选取（见表 3-11）。

表 3-11　浓密机的上清液产率（*A* 值）

指　标　名　称		A 值/$m^3 \cdot (m^2 \cdot d)^{-1}$
焙烧矿中性浸出浓密机上清液产率	上清液含锌大于 140g/L 时	3.5~4.5
	上清液含锌小于 140g/L 时	4.5~5.5

续表 3-11

指 标 名 称		A 值/$m^3\cdot(m^2\cdot d)^{-1}$
焙烧矿酸性浸出浓密机上清液产率	上清液含锌大于 140g/L 时	4~5
	上清液含锌小于 140g/L 时	5~5.5
氧化锌中性浸出浓密机上清液产率		3.5~4.5
氧化锌酸性浸出浓密机上清液产率	酸性上清液不回收稀散金属时	3~4
	酸性上清液回收稀散金属时	0.8~1.0

浓密机的台数计算如下：

$$浓密机台数=\frac{需要的浓密机面积(m^2)}{每台浓密机的沉降面积(m^2)}$$

3.4.2.2 过滤机

锌焙砂（或氧化锌粉）经过二段或多段浸出后，80%以上的锌以硫酸锌形态进入溶液，溶液含锌量达 120~160g/L，20%左右的锌则进入浸出渣中。进入浸出渣的锌包括未浸出完全的酸溶锌（即氧化锌，一般含锌为 4%~7%），浓泥夹带的水溶锌（即硫酸锌，一般含量为 2%~5%），另外还有呈铁酸锌、硅酸锌及焙烧不完全任意硫化锌残存形式进入浓泥的水溶锌，它们和矿石中的脉石及其他不溶解的金属化合物一起组成浸出渣。过滤要求获得水溶锌尽可能低的浸出渣和含固体物少的滤液。

过滤的基本原理是利用具有毛细孔的物质做介质，在介质两边造成压力差。提供这种压力差的设备有真空过滤机及压力过滤机。过滤介质的选择取决于矿浆的性质，一般采用帆布和涤纶布。

过滤能力为单位时间内单位面积上所产浸出渣的量，它取决于过滤速度的大小。而影响过滤速度的因素有滤渣的性质、滤饼的厚度、过滤矿浆的温度、压力差的大小、过滤介质的特性等。

一段过滤是酸性浓缩底流（浓泥）进行过滤，一般采用莫尔真空过滤机和带式真空过滤机。二者规格型号和操作条件见表 3-12。

表 3-12 一段过滤设备型号及操作条件

设 备 名 称	设备规格型号及技术参数	操 作 条 件
莫尔过滤机	L250ϕ100U 型 过滤面积 130m^2 不锈钢 U 形管 条形竹片骨架 生产能力 600~800kg/(台·d)	温度 75~89℃ 矿浆密度 1.7~1.9g/cm^3 pH 值 4.8~5.0 渣含水不大于 50% 起吊时间 60~90min
带式过滤机	D2G30/1800 型 过滤面积 30m^2 胶带速度 0.3~3m/min 胶带宽度 1800mm 生产能力 3600kg/(台·d)	温度 70~80℃ 矿浆密度 1.7~1.0g/cm^3 pH 值 4.0~5.0 渣含水小于 30% 真空度 0.06MPa

一段过滤对渣含水量要求不是很严格，因为接下来又要浆化，只要求过滤速度快，处理能力大，操作简单方便，另外吸滤板材质和真空系统材质均要求耐腐蚀，一般采用不锈钢材料比较适合。一段过滤设备的缺点是设备占地面积大，系统配置较为复杂。

二段过滤是将一段渣浆化，洗涤，再加压过滤分离。二段过滤设备一般配备的是圆盘真空过滤机、LAROX 压滤机、自动厢式压滤机等，其型号及操作条件见表 3-13。

表 3-13 二段过滤设备型号及操作条件

设备名称	规格型号及技术参数	操作条件
圆盘过滤机	凸 Y50-2.5 型 过滤面积 51m² 滤盘直径 2.5m 扇形板 72 块 生产能力 60~80t/(台·d)	矿浆温度 65~75℃ 矿浆密度 1.7~1.9g/cm³ 渣含水 35%~45% 真空度 0.06MPa
LAROX 压滤机	PF-A 型 过滤面积 31.5m² 滤板尺寸 900mm×1750mm 送料压力 0.2~1.0MPa 风压 0.4~0.7MPa 生产能力 60~80t/(台·d)	矿浆温度 60~70℃ 矿浆密度 1.6~1.9g/cm³ 渣含水 20%左右
厢式压滤机	XMK160 型 过滤数量 65 块 滤室容积 2.75m³ 生产能力 90t/(台·d)	矿浆温度 50℃ 矿浆密度 1.6~2.0g/cm³ 渣含水 25%左右

圆盘过滤机的优点是过滤面积大，占地面积小，连续性作业，生产能力大；缺点是结构比较复杂，更换滤布比较烦琐，渣含水较高。LAROX 压滤机自动化程度高，单位面积产量高，能耗低，滤布能自动清洗，再生结构先进；但其单机面积较小、一次性投资高。厢式压滤机结构简单，投资较少，过滤面积大，占地面积小，操作安全；但间断操作，换布洗布麻烦，拉板系统及油压系统和卸渣系统故障频繁，滤布消耗大，工人劳动强度大，操作环境差。上述过滤设备都在不断完善，不断改进之中。

过滤工序是湿法炼锌过程中三大平衡（即金属平衡、体积平衡、渣量平衡）之一的渣量平衡的关键工序。如不及时将浸出渣排出，势必影响整个系统的生产平衡。因此，过滤设备的选择和排渣能力大小的确定也显得十分重要。因为生产实际中设备难免出故障，还需要考虑换布、洗布的时间，也就是说，设备若无备用则只能按设备生产能力的下限来确定设备台数。至于选择什么类别的设备则要根据企业实际情况综合考虑。

3.5 浸出岗位操作

3.5.1 给料岗位

3.5.1.1 操作前的准备

给料前首先检查料仓卸料阀、皮带秤及输送机械是否完好，有故障时要及时排除。

3.5.1.2 操作步骤、方法

(1) 输送焙砂时，根据槽上需要焙砂量打开料仓阀门慢慢放下焙砂，并做好焙砂输送重量的记录。

(2) 每隔半小时查看一次焙砂料仓的料位情况，及时与外网焙砂供应岗位联系，确保料仓内有充足的焙砂贮存，不出现冒仓现象。

(3) 运送锰矿、碳酸氢钠等袋装物料时，按需要量将袋直接放入斗内，并将斗子吊到槽前。

(4) 运料时要及时清扫、收集散落焙烧矿，尽量减少飞扬损失，杜绝漏料等现象发生，同时注意安全。

3.5.1.3 故障处理

(1) 在生产过程中，如遇某台给料机出现故障，需立即停车，同时调整其他给料机加料量，或改用人工加料，及时处理故障，确保生产正常。

(2) 在生产过程中，如遇突然停电，应先关闭料仓下料阀门后检查皮带机是否正位停止，把皮带上剩余焙砂清理干净，保证供电后能够正常给料。

3.5.2 预中和岗位

3.5.2.1 生产前的准备

(1) 连续生产前首先检查进出液泵、管道、阀门、给料机是否处于正常状态，确认正常后方可进行连续生产。

(2) 通知中浸浓密机底流岗、高浸溢流配液岗做好进液准备，通知预中和浓密机岗位做好进液准备。

3.5.2.2 操作步骤、方法

(1) 往预中和1号槽同时打入高浸溢流、中浸底流，控制高浸溢流和中浸底流流量，第1槽出口酸度小于20g/L，高浸溢流和中浸底流之间的流量比根据生产情况适当调整确定。

(2) 根据前液的酸度和流量计往预中和1号槽内连续加入焙砂。

(3) 每小时取样分析后液的 H^+ 和 Fe^{3+}、Fe^{2+}，控制预中和4号槽出口的酸度为5~15g/L。不定期分析后液的 Fe^{2+}。

(4) 做好预中和连续生产记录，搞好环境卫生、设备卫生，做好交接班工作。

3.5.2.3 故障处理

(1) 在生产过程中，如遇浸出槽或搅拌突然出现故障，需要停机修理时，应马上关闭搅拌电源开关和蒸汽、压缩空气开关，停止该槽进液，改用其他几个浸出槽作业，保证生产连续进行。需要进入槽体内修理时，应将该槽溶液抽出，及时找维修人员处理。

(2) 在生产过程中如遇突然停电，各岗位人员应马上关闭所有溶液管路进、出口阀门、关闭蒸汽、压缩空气管道阀门，在本岗位坚守至来电后恢复正常运转。

3.5.3 高浸岗位

3.5.3.1 生产前的准备

（1）连续生产前检查进液泵、管道、阀门是否处于正常状态，确认后方可进行连续生产。

（2）通知浓密机岗位作好进液准备。

3.5.3.2 操作步骤、方法

（1）连续往1号槽打入废液、预中和底流和 H_2SO_4，控制废电解液和预中和底流流量，同时按工时计算确定每小时加酸量，第1槽出口酸度为80~115g/L。

（2）给高浸槽连续升温，保持生产过程中各槽温度在90℃以上，允许第1槽温度为70~85℃。

（3）每小时取样分析高浸后液 H^+ 和 Fe^{3+}、Fe^{2+}，根据后液 H^+ 和 Fe^{3+} 的情况适当调整废液、预中和底流和并计算加入量，控制酸浸出槽4号槽出液的酸度为40~70g/L。

（4）做好连续生产记录，搞好环境卫生、设备卫生，做好交接班工作。

3.5.3.3 故障处理

（1）在生产过程中，如遇浸出槽或搅拌突然出现故障，需要停机修理时，应马上关闭搅拌电源开关和蒸汽、压缩空气开关，停止该槽进液，改用其他几个浸出槽作业，保证生产连续进行。需要进入槽体内修理时，应将该槽溶液抽出，及时找维修人员处理。

（2）在生产过程中如遇突然停电，各岗位人员应马上关闭所有溶液管路进、出口阀门、关闭蒸汽、压缩空气管道阀门，在本岗位坚守至来电后恢复正常运转。

3.5.4 沉矾岗位

3.5.4.1 生产前的准备

连续生产前首先检查进液泵、管道、阀门是否处于正常状态，确认后方可进行连续生产。

3.5.4.2 操作步骤、方法

（1）从预中和上清液贮槽连续打入上清液到沉矾1号槽，溶液流量120~150m^3/h。

（2）沉矾1号槽出口温度应在95 ℃以上，其他各槽溶液温度控制在95℃ 。

（3）操作人员根据生产实际溶液流量及预中和浓密机溢流含铁量加入碳酸氢铵和碳酸氢钠：

$$每小时加入量=溶液每小时流量\times 1.2\times (前液含铁量-2)\times 0.47$$

每隔1h取样分析一次预中和溢流含铁。

（4）操作人员根据溶液流量和预中和上清亚铁含量加入 MnO_2，每小时取样分析一次。

每小时加入量(kg)=溶液流量(m^3/h)×Fe^{2+}含量(g/L)×1.93

(5) 操作人员每隔1h在第2、4、6槽口取样分析含Fe、H^+、Fe^{2+}，保证Fe含量不大于3.5g/L。

(6) 做好沉矾连续记录，搞好环境卫生、设备卫生，做好交接班工作。

3.5.4.3 故障处理

(1) 在生产过程中，如遇浸出槽或搅拌突然出现故障，需要停机修理时，应马上关闭搅拌电源开关和蒸汽、压缩空气开关，停止该槽进液，改用其他几个浸出槽作业，保证生产连续进行。需要进入槽体内修理时，应将该槽溶液抽出，及时找维修人员处理。

(2) 在生产过程中如遇突然停电，各岗位人员应马上关闭所有溶液管路进、出口阀门、关闭蒸汽、压缩空气管道阀门，在本岗位坚守至来电后恢复正常运转。

3.5.5 浓密机岗位

3.5.5.1 操作前的准备

(1) 使用浓密机前先检查润滑装置是否良好，检查机械部分的灵活性，不容许这些部分存有残渣、硫酸锌等结晶物。

(2) 开车前检查设备各部分是否保持完好，要排出障碍物，运转部件要有安全罩。

3.5.5.2 操作步骤、方法

(1) 与出槽岗位联系，使矿浆及时进入浓密机，负责3号絮凝剂的加入，对进行浓密机的矿浆勤检查，发现不合格时，及时通知槽上岗位停止进矿浆。

(2) 运转过程中，每小时测浓密机上清线，保持上清线在指标规定范围之内，观察和检查上清液质量，保持上清澄清，若上清线低于指标下限，要及时调整。

(3) 定期提起浓密机耙子，防止搅拌负荷过大；如负荷过大，或突然停电，及时向本班班长报告，以便迅速查明原因处理。

(4) 交接班必须测定上清线，并做好记录。

(5) 杜绝跑、冒、滴、漏发生，节约用水。

3.5.5.3 故障处理

(1) 在生产过程中，如遇浓密机过载，应马上启动提升装置，上下循环提动耙臂，通知底流岗位及时排除底流，至恢复正常为止。

(2) 在生产过程中，如遇突然停电，防止耙臂被浓泥压住。

(3) 在生产过程中，如遇某台浓密机出现故障需停机进入内部修理的，应马上停止该浓密机进液，启用另一台确保生产正常运行，抽出故障浓密机内溶液，及时处理故障。

3.5.6 3号剂岗位

3.5.6.1 操作前的准备

制备絮凝剂前，首先检查设备阀门是否处于正常状态，确认正常后方可进行操作。

3.5.6.2　操作步骤、方法

（1）加入一定比例清水和中上清（此比例执行车间临时生产安排）于絮凝剂制备槽中，使槽温保持在40~60℃。

（2）启动搅拌机。

（3）称取适量3号絮凝剂缓慢加入制备槽中搅拌，至全部融化后为止。

（4）将制备好的絮凝剂及时送到絮凝剂贮槽槽中。

3.5.6.3　注意事项

絮凝剂要做到现用现配。

3.5.7　碳铵浆化岗位

3.5.7.1　操作前的准备

对碳铵进行浆化前，首先检查设备阀门是否处于正常状态，确认正常后方可进行操作。

3.5.7.2　操作步骤、方法

（1）　将碳酸氢氨浆化槽中注入一定量的水，使槽温保持在40℃以下。

（2）启动搅拌机。

（3）NH_4HCO_3、$NaHCO_3$按3∶1（总计120袋/槽）的比例缓慢加入制备槽中搅拌，至全部融化后为止。

（4）根据沉矾岗位需要，将制备好的碳铵浆化液随时送到碳铵高位槽中。

3.5.7.3　注意事项

碳铵要做到现用现配。

3.5.8　底流泵岗位

3.5.8.1　操作前的准备

（1）维护好设备，若发现泵环、阀门漏液，应及时更换修复。

（2）根据浓密机上清及各溢流情况和出槽状况，及时向浸出槽上和过滤输送溶液矿浆，同时做好供液前的配液工作。

（3）及时将地沟内污水抽走。

（4）交接班搞好环境卫生、设备卫生。

3.5.8.2　故障处理

（1）在生产运行中，如遇某台泵出现故障时，应立即关闭电源开关、进出口阀门，同时开启备用泵，保证生产正常运行，及时找维修人员把故障泵修好备用。

（2）在生产运行中，如遇突然停电，需立即关闭各槽出口阀门，关闭泵进出口阀门，坚守岗位，至供电后正常运转。

3.5.9 底槽浆化岗位

3.5.9.1 操作步骤、方法

（1）与浸出底流岗位联系，做好接受底流的准备工作，杜绝冒槽。

（2）保证底流的供应，无特殊原因不能中断底流输送。

（3）随时和压滤机岗位取得联系，并将底流准确送到压滤岗位。

（4）做二次浆化时按(3~2)∶1的液固比往槽中加水并加温至50℃左右，进行浆化。

（5）搅拌槽的阀门不用时要处于打开状态，避免残渣堵管。

（6）遇到管道及阀门损坏要及时更换。

（7）负责把滤液送到浸出，常看液位，以免冒槽或打空。

（8）搞好环境卫生，做好记录。

3.5.9.2 故障处理

（1）运行中，如遇某台泵停电或遇到某种故障时，应立即关闭电源开关、进出口阀门，同时启动备用泵，确保生产正常运行，及时找维修人员排除故障后备用。

（2）在生产运行中，如遇突然全部停电，马上关闭电源开关和泵进出口阀门，坚守岗位，汇报班长或上面领导，待供电后正常运转。

3.5.10 压滤岗位

3.5.10.1 操作前的准备

（1）开启前应认真检查滤板、隔膜板、滤布装配是否正确，拉板小车是否回到原位，滤液溜槽是否干净、有无杂物。

（2）检查压榨水阀的排水阀是否开启，进料时必须开启。

3.5.10.2 操作步骤、方法

（1）启动程序，开始压紧，在16~18MPa并进入保压状态下通过压滤泵开始进料，通过进料时间的长短、滤液流量的大小等状态可以判定料是否进满。

（2）确认所有滤室充满滤饼，适当打开回流阀，开启压榨水阀门，启动压榨水泵，压榨压力控制在0.9MPa以上，压榨时间为15min左右。

（3）压榨完毕，打开回水阀门，松开油缸，打开翻板卸渣。

（4）卸渣过程中应每块滤板的四周密封面刮干净，杜绝喷液现象。

（5）检查滤板排列整齐、滤布无折叠方可压紧，进入下一个工作循环。

（6）所有操作过程中遇见异常问题，按紧急停车按钮，待处理正常后方可进入下一个工序。

（7）保证设备的清洁、卫生、做好记录。

(8) 该规程通用于普通压滤机的操作。

3.5.10.3　故障处理

在生产过程中，如遇到某台压滤机或整体停电，应立即通知底流岗位人员停止进料，关闭压滤机进料阀门、切断电源。及时找维修工排除故障，通电后，合上电源按程序启动，让压滤处于保压状态，再打开压滤机进料阀门，通知底流岗位进料进入正常生产。

3.5.11　排渣作业

排渣作业的操作步骤、方法如下：

(1) 调车前记好卸渣的次数，够 5 车后通知司机把渣运到渣场。

(2) 按号次把渣车停好后，通知压滤岗位卸渣。

(3) 随时观察卸渣斗的畅通状况，如有积渣随时和压滤岗位取得联系并及时解决。

(4) 随时处理地面上的积渣，杜绝把渣带到外边的马路上。

(5) 交班时把工具清洗干净放在工具栏中。

(6) 搞好环境卫生，做好记录。

3-1 在湿法炼锌过程中，锌焙砂中性浸出的 pH 值为什么要控制在 5.2 左右？

3-2 在锌焙砂浸出过程中，如何提高锌的直接浸出率？

3-3 简述锌焙烧矿浸出时中和水解除杂的原理。

3-4 简述锌焙烧矿中各成分在浸出过程中的行为。

3-5 分别绘出锌焙砂常规浸出和热酸浸出的工艺流程图。

3-6 在湿法炼锌的热酸浸出过程中，从含铁高的浸出液中沉铁有哪些方法？请分别说明其原理及优缺点。

4 硫酸锌浸出液的净化

4.1 净化目的

净化的目的是将中性浸出液中的铜、镉、钴、镍、砷、锑等杂质除至电积过程的允许含量范围之内，确保电积过程的正常进行并生产出较高等级的锌片。同时，通过净化过程的富集作用，原料中的有价伴生元素，如铜、镉、钴、铟、铊等得到富集，便于从净化渣中进一步回收有价金属成分。

部分工厂的中性浸出液成分见表 4-1。

表 4-1 中性浸出液的成分实例 g/L

工厂编号	Zn	Cu	Cd	Ni	Co	Sb	Fe	Cl
国外一厂	150	0.70	0.70	—	0.025	—	0.01	—
国外二厂	145	0.09	0.55	0.002	0.011	0.00002	0.01	—
国外三厂	160	0.327	0.275	0.002~0.003	0.009~0.011	0.0006	0.016	0.05~0.16
株洲冶炼厂	130~170	0.15~0.4	0.6~1.2	0.0008~0.0012	0.0008~0.0025	≤0.0005	0.02	≤0.010
会泽铅锌厂	110~130	0.10~0.5	0.8~1.0	0.002	0.0004	≤0.0003	0.015	≤0.2
祥云飞龙公司	110~120	1.204	0.680	0.0009	0.0025	0.00024	0.005	≤0.04
葫芦岛厂	130~140	0.82	1.05	0.0008	0.008~0.0011	0.0003	0.008	0.10

从表 4-1 可以看出，由于各厂的生产原料成分各异，加之浸出工艺流程的差异以及工作控制条件的不同，各工厂的中性浸出液成分亦有所差别。根据 1995 年世界许多湿法炼制厂的统计资料，中性浸出液中锌和主要杂质成分含量如表 4-2 所列。

表 4-2 中性浸出液的成分范围及平均含量

成 分	$Zn/g \cdot L^{-1}$	$Cu/g \cdot L^{-1}$	$Cd/g \cdot L^{-1}$	$Co/mg \cdot L^{-1}$	$Ni/mg \cdot L^{-1}$
含 量	120~179	0.25~1.20	0.60~1.20	0.5~12.5	0.5~4.5
平均含量	149.0	0.65	0.80	6.30	14.10

4.2 净化方法

净化方法按其净化原理可分为两类：

（1）加锌粉置换除铜、镉，或在有其他添加剂存在时，加锌粉置换除铜、镉的同时除镍、钴。根据添加剂成分的不同该类方法又可分为锌粉-砷盐法、锌粉-锑盐法、合金锌粉法等净化方法。

（2）加有机试剂形成难溶化合物除钴，如黄药净化法和 β-萘酚净化法。

各种净化方法的工艺过程列于表4-3中。

表4-3　各种硫酸锌溶液净化方法的几种典型流程

流程类别	第一段	第二段	第三段	第四段	工厂举例
黄药净化法	加锌粉除Cu、Cd，得Cu、Cd渣送去提Cd并回收Cu	加黄药除Co，得Co渣送去提Co			株洲冶炼厂Ⅰ系统
锑盐净化法	加锌粉除Cu、Cd，得Cu、Cd渣送去提Cd并回收Cu	加锌粉和锑盐除Co的Co渣送去回收Co	加锌粉除残Cd		西北铅锌冶炼厂 葫芦岛锌厂 株洲冶炼厂Ⅱ系统
砷盐净化法	加锌粉和As_2O_3除Cu、Co、Ni，得Cu渣送去回收Cu	加锌粉除Cd，得Cd渣送去提Cd	加锌粉除反溶Cd，得Cd渣返回第二段	再进行一次加锌粉除Cd	原沈阳冶炼厂 赤峰冶炼厂
β-萘酚法	加锌粉除Cu、Cd，得Cu、Cd渣送去提Cd并回收Cu	加锌粉除Cd、Ni，得Cd渣送去回收Cd	加α-亚硝基-β-萘酚除Co，得Co渣送去回收Co	加活性炭吸附有机物	祥云飞龙公司
合金锌粉法	加Zn-Pb-Sb-Sn合金锌粉除Cu、Cd、Co	加锌粉除Cd			柳州锌品厂

从表4-3可以看出，由于各厂中性浸出液的杂质成分与新液成分控制标准不同，故各厂的净化方法亦有所差别，且净化段的设置亦不同。净化流程按净化段的设置不同，有二段、三段、四段之分；按净化的作业方式不同有间段、连续作业两种。间断作业由于操作与控制相对较易，可根据溶液成分的变化及时调整组织生产，为中、小型湿法炼锌厂广泛应用。连续作业的生产率较高、占地面积小、设备易于实现大型化、自动化，故近年来发展较快，但该法操作与控制要求较高。

由于铜、镉的电位相对较正，其净化除杂相对容易，故各工厂都在第一段优先将铜、镉首先除去。利用锌粉置换除铜、镉时，由于铜的电位较镉正，更易于优先沉淀，而锌粉置换除镉则相对困难些，需加入过量的锌粉才能达到净化的要求。

由于钴、镍是浸出液中最难除去的杂质，各工厂净化工艺方法的差异（见表4-3）实质上就在于除钴方法的不同。采用置换法除钴、镍时除需加添加剂外，还要在较高的温度下，加入过量的锌粉才能达到净化要求。或者使用价格昂贵的有机试剂，合理选择除钴净化工艺可降低净化成本。

4.3　浸出液净化工艺

4.3.1　工艺流程

由浸出送来的中浸上清液泵入一段净化槽。锌粉经振动给料机加入各净化槽，反应完成后浆液流至中间槽，再用泵送至厢式压滤机进行液固分离。所得滤渣即铜镉渣，经浆化后泵至镉工段回收镉。所得滤液经螺旋板加热器加温到85~90℃后流入二段净化槽。

二段净化槽规格同一段净化槽，4 台串联连续操作。锌粉经振动给料机加入各净化槽，同时加入酒石酸锑钾溶液，反应完成后排至中间槽，再用泵送至厢式压滤机压滤。二段净化压滤后液送往三段净化槽。所得滤渣即钴渣，再经酸洗、压滤得到钴精矿，暂堆存待回收钴；滤液再用锌粉、酒石酸锑钾沉钴，再经压滤，滤渣与上述钴精矿合并卸在同一堆场，滤液送浸出车间。

三段净化槽共 2 台，规格也同一段净化槽，2 台串联连续操作。锌粉经振动给料机加入槽内，以除去残余镉。反应完成后排料至中间槽，再用泵送至 3 台厢式压滤机压滤。所得滤渣含锌较高，可返回到一段净化槽再利用。所得滤液即新液，用废电解液调酸至含 H_2SO_4 1~3g/L，以减少新液在输送过程中的结晶，然后用泵送往电解车间。

净液工段产出的铜镉渣经浆化后，送往镉工段机械搅拌槽进行铜镉渣的浸出，2 台并联间断操作。加入废电解液，控制始酸 10g/L，终点 pH＝5.2~5.4。反应完成后，在槽内澄清，所得上清液用泵送至厢式压滤机压滤，滤液送一次置换槽，产出滤渣即铜渣，经酸洗压滤后，可作为中间产品出售。一次置换在 1 台机械搅拌槽中进行，为使一次置换所得海绵镉含 Zn 小于 2%，控制锌粉加入量为置换前液中总含镉量的 75%。一次置换后液在槽内澄清后，底流经压团得海绵镉团块，可作中间产品出售。上清液用泵送二次置换。二次置换也是 1 台机械搅拌槽，二次置换后液用泵送至 1 台厢式压滤机压滤，产出滤液即贫镉液，用泵送回浸出车间。所得滤渣即为 Zn-Cd 渣，返回铜镉渣浸出。

浸出液净化工艺的流程如图 4-1 所示。

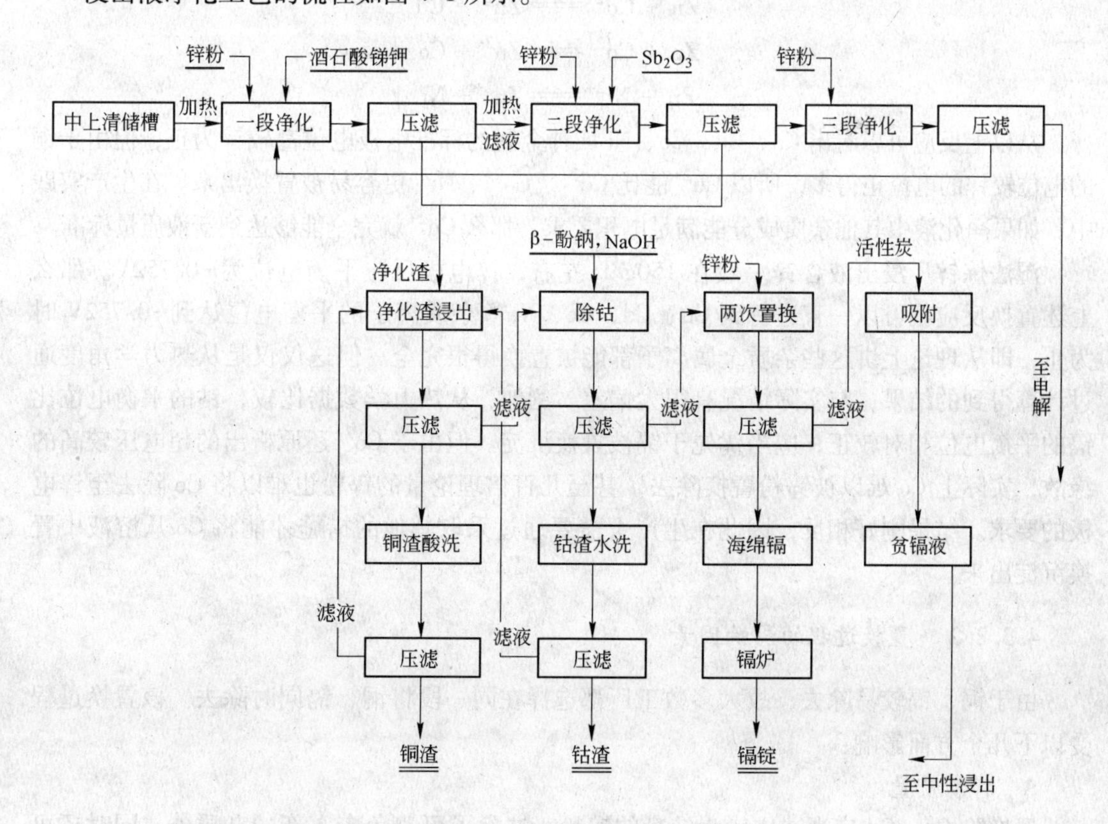

图 4-1　净化工艺流程图

4.3.2　锌粉置换除铜、镉

4.3.2.1　置换法除铜、镉的基本反应

由于锌的标准电位较负，即锌的金属活性较强，它能够从硫酸锌溶液中置换除去大部分较正电性的金属杂质，且置换反应的产物 Zn^{2+} 进入溶液不会造成二次污染，故所有湿法炼锌工厂都选择锌粉作为置换剂。金属锌粉被加入到硫酸锌溶液中便会与较正电性的金属离子如 Cu^{2+}、Cd^{2+} 等发生置换反应。

几种金属的电极反应式及其氧化还原电极电位如下：

$$Zn^{2+} + 2e = Zn, E^{\ominus}_{Zn^{2+}/Zn} = -0.763V$$

$$Cu^{2+} + 2e = Cu, E^{\ominus}_{Cu^{2+}/Cu} = +0.337V$$

$$Cd^{2+} + 2e = Cd, E^{\ominus}_{Cd^{2+}/Cd} = -0.403V$$

$$Co^{2+} + 2e = Co, E^{\ominus}_{Co^{2+}/Co} = -0.227V$$

$$Ni^{2+} + 2e = Ni, E^{\ominus}_{Ni^{2+}/Ni} = -0.250V$$

锌粉置换法的反应式表示如下：

$$Zn + Cu^{2+} = Zn^{2+} + Cu \downarrow$$

$$Zn + Cd^{2+} = Zn^{2+} + Cd \downarrow$$

$$Zn + Co^{2+} = Zn^{2+} + Co \downarrow$$

$$Zn + Ni^{2+} = Zn^{2+} + Ni \downarrow$$

从以上反应可以看出 Cu、Cd、Co、Ni 四种金属的标准电极电位都较锌为正，但由于铜的电位较锌的电位正得多，所以 Cu^{2+} 能比 Cd^{2+}、Co^{2+}、Ni^{2+} 更容易被置换出来。在生产实践中，如果净化液中其他杂质成分能满足电积要求，那么 Cu^{2+} 就完全能够达到新液质量标准。

湿法炼锌厂浸出液含锌一般在 150g/L 左右，锌电极反应平衡电位为 -0.752V。那么上述置换反应就可以一直进行到 Cu、Cd、Co、Ni 等杂质离子的平衡电位达到 -0.752V 时为止，即从理论上讲这些杂质金属离子都能被置换得很完全。但这仅仅是从热力学角度通过计算得到的结果，与实际情况有很大偏差。例如，从热力学数据比较，钴的平衡电位比镉的平衡电位相对较正，应当优先于镉被置换沉淀。但由于 Co^{2+} 还原析出的超电压较高的缘故，实际上 Co 难以被锌粉置换除去，甚至几百倍理论量的锌粉也难以将 Co 除去至锌电极的要求。结果刚好相反，因此在生产上需要通过采取其他的措施才能将 Co 从溶液中置换沉淀出来。

4.3.2.2　置换过程的影响因素

由于铜、镉较易除去，故大多数工厂都选择在同一段将铜、镉同时除去。该置换过程受以下几个方面影响：

A　锌粉质量

置换除 Cu、Cd 应当选用较为纯净的锌粉，这除了可避免带入新的杂质外，同时还可减少锌粉的用量。由于置换反应是液相与固相之间的反应，故反应速度主要取决于锌粉的

比表面积。锌粉的比表面积越大，溶液中杂质成分与金属锌粉接触的机会就越多，反应速度越快。但是，过细的锌粉容易漂浮在溶液表面，也不利于置换反应的进行。由于净化用锌粉在制备、贮藏等过程中均不可避免地有部分表面氧化，因此锌粉的置换能力大大降低，故有的工厂在净化时首先用废液将净化前液酸化，使锌粉表面的 ZnO 与硫酸发生反应，使锌粉呈现新鲜的金属表面，以提高锌粉的置换反应能力。应当指出，溶液酸化必须适当，酸度过低则难以达到目的，酸度过高则会增加锌粉耗量，一般工厂控制酸化 pH 值为 3.5~4.0。

如果采用一次加锌粉同时除 Cu 和 Cd，一般要求锌粉的粒度为-0.149~-0.125mm。但有的工厂由于浸出液含铜较高，故采用两段分别除铜和镉。例如比利时巴伦电锌厂，当溶液含铜超过 400mg/L 时，首先加粗锌粉沉铜。飞龙实业有限责任公司当含铜超过 500mg/L 时，加入粗锌粉将铜首先沉积下来，产出海绵铜后再将溶液送至除镉工段。在单设的除镉工序则可选用粒度相对较粗的锌粉。

B 搅拌速度

由于置换反应是液相与固相之间的反应，提高搅拌速度有利于增加溶液中 Cu^{2+} 和 Cd^{2+} 与锌粉相互接触的机会。另外，搅拌还能促使已沉积在锌粉表面的沉积物脱落，暴露出锌粉的新鲜表面，有利于反应的进行。同时，加强搅拌更有利于被置换离子向锌粉表面扩散，从而达到降低锌粉单耗的目的。但搅拌强度过高对反应速度的提高并无明显改善，反而增加了能耗，造成净化成本上升，因此选择适宜的搅拌强度是很重要的。为了强化生产，有的工厂在净化除铜、镉时采用流态化净液槽。

锌粉置换除、镉时应该采用机械搅拌。若采用空气搅拌则会使锌粉表面氧化而出现钝化现象，另外，空气中的氧会使已置换析出的铜、镉发生反溶。

C 温度

提高温度可以提高置换过程的反应速度与反应进行的完全程度，但同时也会增大锌粉的溶解以及使已沉淀析出的镉的反溶。所以加锌粉置换除 Cu、Cd 应控制适当的反应温度，一般为 60℃左右。

研究表明，镉在 40~45℃之间存在同素异形体的转变点，温度过高会促使镉的反溶，其实验结果见表 4-4。

表 4-4 温度升高对镉二价离子反溶进入溶液量的影响

温度/°C	60	61	62	63	64	65	66	67
Cd^{2+}浓度/mg · L^{-1}	4	4.5	5	6	7.5	9	11	13

D 浸出液的成分

浸出液含锌浓度、酸度与杂质含量及固体悬浮物等，均影响置换反应的进行。

浸出液含锌浓度较低有利于置换过程中锌粉表面锌向外扩散，但浓度过低则有利于氢气的析出，从而增大锌粉消耗量。故生产实践一般控制浸出液含锌量在 150~180g/L 为宜。

溶液酸度越高越有利于氢气的析出，从而使锌粉无益的损耗，并促使镉的反溶。生产实践中，为使净化溶液残余的 Cu、Cd 达到净化要求，须维持溶液的 pH 值在 3.5 以上。

E 副反应的发生

尽管在浸出过程中已将大部分的 As、Sb 通过共沉淀的方法除去，但仍有一定量的

As、Sb 存在浸出溶液中，置换过程中尤其在酸度较高的情况下，将发生如下反应：

$$As+3H^{+}+3e \xlongequal{} AsH_3\uparrow$$

$$Sb+3H^{+}+3e \xlongequal{} SbH_3\uparrow$$

在实际溶液 pH 值条件下，置换过程不可避免地产生剧毒的 AsH_3 和 SbH_3 气体（后者很不稳定，在锌电积条件下 SbH_3 容易分解），因此，应在浸出段尽可能将砷、锑完全除去。另外，在生产中应加强工作场地的通风换气，确保生产安全。

4.3.2.3　*镉反溶及避免镉反溶的措施*

前已述及，镉的反溶与温度有很大的关系，故须控制适宜的操作温度。

生产实践表明镉的反溶还与时间、渣量以及溶液成分等因素有关。其中铜镉渣与溶液的接触时间长短对镉的反溶影响较大。表 4-5 表明净化后液中 Cd^{2+} 的浓度与尚未液固分离的铜镉渣的接触时间的关系。

表 4-5　尚未液固分离的铜镉渣的存放时间对镉反溶量的影响

时间/h	0	1	2	3	4	5	6	7	8
Cd^{2+} 浓度/mg · L^{-1}	0.4	1.2	2.3	5.1	11	25	36	50	86

由于置换析出的铜镉渣与溶液接触的时间越长则置后液含镉越高，故净化作业结束后应快速进行固液分离。

生产实践表明，溶液中铜镉渣的渣量也对镉反溶有很大影响，渣量越多则镉反溶越厉害，故在生产过程中应定期清理槽罐，采用流态化净化时应尽量缩短放渣周期。

溶液中的杂质 As、Sb 的存在，不仅增加锌粉的单耗，也促使镉的反溶。因此中性浸出时应尽可能将这些杂质完全除去。此外，还需要控制好中性浸出液中 Cu^{2+} 的浓度，Cu^{2+} 的浓度控制在 0.2~0.3g/L 为宜。

为尽量避免除铜、镉净化过程中镉的反溶，生产实践中除控制好操作技术条件外，还须控制好适宜的锌粉过量倍数。有的工厂在除铜、镉中将锌粉分批次投入，并在净化压滤前投入少量锌粉压槽，并通过增加铜、镉渣中的金属锌粉量来减少镉的反溶。

4.3.3　锌粉置换除钴、镍

从 Co^{2+}/Co 与 Zn^{2+}/Zn 的标准电极电位来看，溶液中 Co^{2+} 应完全能够被锌粉置换出来。根据理论计算，置换后溶液中 Co^{2+} 的浓度可以降到 5×10^{-12}mg/L。但是，根据研究与实践证实，即使加入过量很多倍的锌粉，且达到沸腾状态下高温，溶液稍微加以酸化，并且加入可观数量的、氢超电压相当高的阳离子（例如，加入含镉 0.89g/L 的溶液，电流密度在 10A/cm^2 时的氢超电压为 0.918V），也不能使溶液中残余的钴量降到符合锌电积所要求的程度。因此，需要加入其他的活化剂来实现锌粉置换沉钴。常用的方法有砷盐净化法、锑盐净化法、合金锌粉法。

4.3.3.1　*砷盐净化法*

砷盐净化法（俗称锌粉-砒霜净化法）国内外有多家工厂采用。由于各厂具体情况不同，采用的流程也很不一样。

加拿大埃克斯塔尔电锌厂采用二段周期作业净化法，即第一段高温95℃，加入大于0.23mm的锌粉和As_2O_3除钴与铜；第二段在75℃时，加入小于0.23mm的锌粉和硫酸铜除镉。

日本神冈电锌厂采用三段砷盐净化法，即第一段在80℃加入锌粉与As_2O_3除钴与铜；第二段在65℃时加锌粉和三次净化渣除镉；第三段在60℃时加锌粉除残余镉。

日本秋田电锌厂由于浸出液含铜高，在三段法的基础上又增加了一段加锌粉除铜。

这三个工厂虽然是采用二、三、四段三种不同的砷盐净化法流程，但所得到净化后液质量都很高（见表4-6）。秋田电锌厂采用四段是由于浸出液含铜高达1000mg/L以上。如果铜含量在500mg/L以下，完全没有必要增加单独的沉铜工序。神冈厂的第三段和秋田厂的第四段是为了保证溶液质量，通过净化渣的返回利用来减少锌粉单耗。所以基本的砷盐净化法都是二段净化：第一段在高温（80~95℃）下加锌粉和As_2O_3除铜与钴；第二段加锌粉除镉。其原则工艺流程如图4-2所示，净化液的主要成分见表4-6。

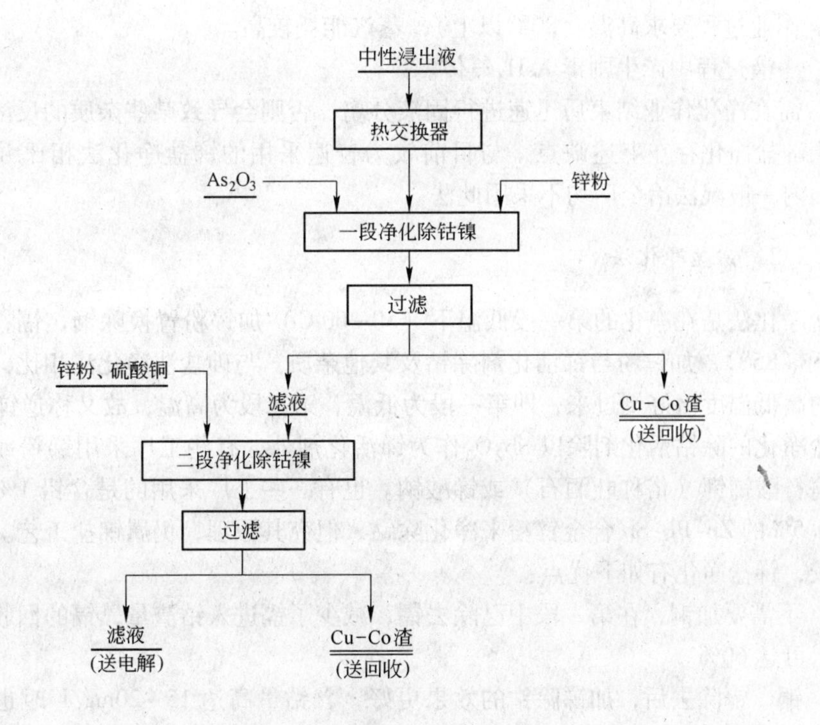

图4-2　砷盐锌粉净化法工艺流程

表4-6　砷盐法净化液的主要化学成分　mg/L

工　厂	Zn/g·L^{-1}	Cd	Cu	Co	Fe	As
埃克斯塔尔（加）	170	0.5	0.1	0.2	15	0.01
神冈厂（日）	—	痕	痕	0.3	3	—

续表 4-6

工　厂	Zn/g · L^{-1}	Cd	Cu	Co	Fe	As
秋田厂（日）	112	0.1	痕	0.8	18	—
鲁尔厂（德）	170	0.28	0.2	0.1~0.2	25	0.02
科科拉厂（芬）	152	0.5	0.1	0.45	28	0.02

采用砷盐净化法除钴，溶液中的 Cu、Co、Ni、As、Sb 几乎完全被除去，而镉留在溶液中。镉不被锌置换出来的原因，可能是在高温下氢在镉上的超电压低，在溶液 pH = 5 时，镉被氧化：

$$Cd + 2H_2O \xlongequal{} Cd(OH)_2 + H_2$$

砷盐净化法可保证溶液中的 Co^{2+}、Ni^{2+}去除到要求的程度，得到高质量的净化液，Co 和 Ni 的平均含量均小于 1mg/L。但该法存在以下几个方面的缺点：

（1）溶液含铜离子浓度不足时需要补加铜。

（2）得到的 Cu-Cd 渣被砷污染，不利于综合回收有价金属。

（3）作业过程要求高温（80℃以上），蒸汽能耗较高。

（4）净液过程中产生剧毒 AsH_3气体。

（5）需在净化作业结束后迅速进行固液分离，否则会导致某些杂质的反溶。

由于砷盐净化存在上述缺点，与目前较为普遍采用的锑盐净化法相比并无更多的优势，故国内一般湿法冶金厂均不采用此法。

4.3.3.2　锑盐净化法

锑盐净化法是在净化的第一段低温下（50~60℃）加锌粉置换除铜、镉；第二段在较高温度下（85℃）加锌粉与锑活化剂除钴及其他杂质。与砷盐法净化法相比，锑盐净化法所采用的高低温度恰好倒过来，即第一段为低温，第二段为高温，故又称逆锑盐净化。

锑盐净化的除钴活化剂除以 Sb_2O_3作为锑活化剂外，有些工厂采用锑粉或其他含锑物料，如酒石酸锑钾（俗称吐酒石）或锑酸钠。也有一些工厂采用的是含铅 1%~2%、含锑 0.3%~0.5%的 Zn-Pb-Sb 合金锌粉来净化除钴，但究其原理，仍属锑盐工艺。与砷盐净化法相比较，锑盐净化有如下优点：

（1）不需要加铜，在第一段中已除去镉，减少了镉进入钴渣量，镉的回收率较砷盐净化法高，可达 60%。

（2）铜、镉除去后，加锑除钴的效果更好，含钴量高达 15~20mg/L 时也能达到好的效果。

（3）由于 SbH_3比 AsH_3容易分解，产生剧毒气体的危害性较小，劳动条件大为改善。

（4）锑的活性大，添加剂消耗少。

由于逆锑盐净化具有上述优点，故该法在湿法炼锌工厂中得到了广泛的应用。工厂一般采用三段净化工艺流程，其过程如下：第一段在 50~60℃时加锌粉除 Cu、Cd，一般锌粉加入量控制为理论量的 2 倍，固液分离所得到的 Cu-Cd 渣送综合回收提取镉，第二段是将一段净化后的过滤液通过热交换器（如板式换热器或蒸汽蛇形盘管）加热到 85℃左右，加入锌粉与锑活化剂除钴、镍等杂质，固液分离所得的滤渣送去提钴。第三段净化加锌粉除残余杂质，得到含锌较高的净化渣返回除铜、镉段。采取该法净化后液中的 Cu、Cd、Co、Ni 的含量都可以降到 1mg/L 以下，电锌质量明显提高，能耗降低。

我国西北铅锌冶炼厂原设计为二段逆锑净化流程，为了提高净化液质量于 1998 年通过技术改造，改为三段逆锑盐净化流程，与 1993 年投产的葫芦岛锌厂电解锌分厂的净化流程相同。其工艺流程如图 4-3 所示，各段操作条件见表 4-7。

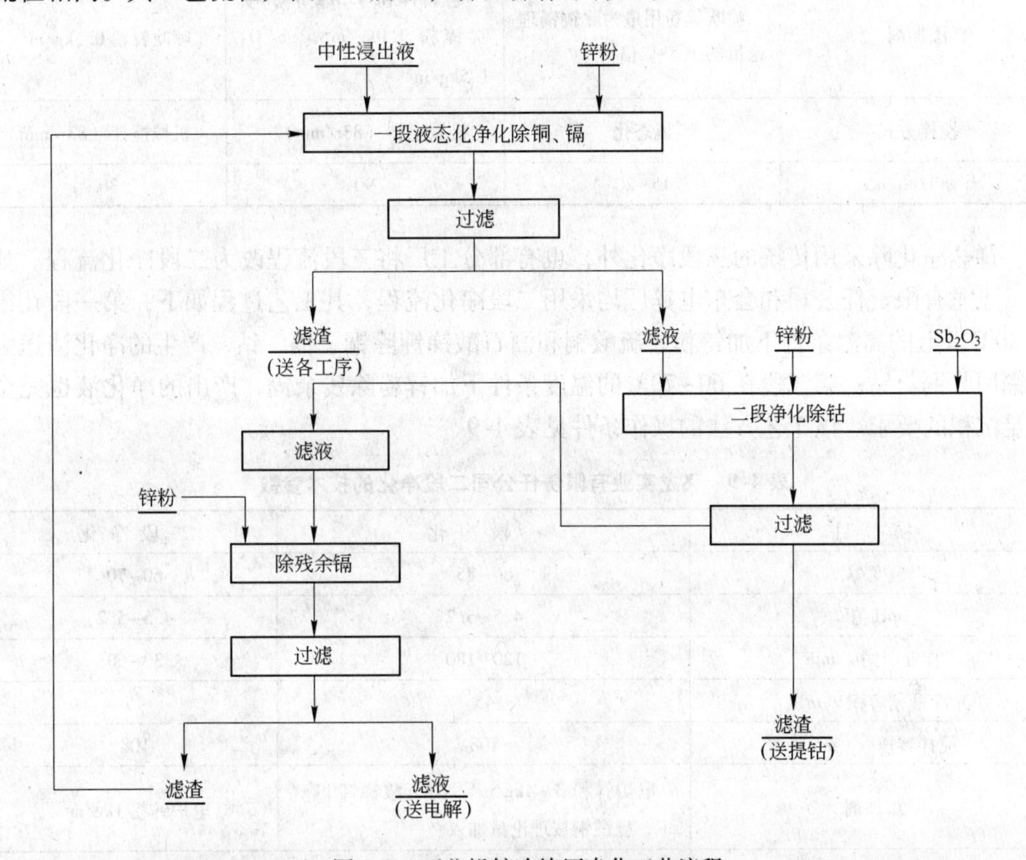

图 4-3　西北铅锌冶炼厂净化工艺流程

表 4-7　西北铅锌冶炼厂的净化操作条件

项　目	第一段除铜镉	第二段除钴	第三段除残镉
温度/℃	50~60	85~90	70~75
pH 值	4.8~5.2	5.0~5.4	5.0~5.4
添加剂	喷吹锌粉用量为除铜镉理论量的 1.5~2 倍	电炉锌粉 1.5kg/m^3，喷吹锌粉 1.0kg/m^3、Sb_2O_3 1.5kg/m^3	喷吹锌粉 0.5kg/m^3
搅拌方式	流态化	机械搅拌（83r/min）	机械搅拌（83r/min）
作业时间/min	15~20	90	30

我国株洲冶炼厂Ⅱ系统采用三段连续逆锑盐净化流程与葫芦岛锌厂和西北冶炼厂相似，除钴段添加的活性剂为酒石酸锑钾，该厂净化各段操作条件见表 4-8。

表 4-8 株洲冶炼厂逆锑盐净化各段的技术参数

项　目	第一段除铜镉	第二段除钴	第三段除残镉
温度/℃	50~60	85~90	70~75
pH 值	4.8~5.2	5.0~5.4	5.0~5.4
添加剂	喷吹锌粉用量为除铜镉理论量的 1.5~2 倍	电炉锌粉 1.5kg/m^3，喷吹锌粉 1.0kg/m^3、Sb_2O_3 1.5kg/m^3	喷吹锌粉 0.5kg/m^3
搅拌方式	流态化	机械搅拌（83r/min）	机械搅拌（83r/min）
作业时间/min	15~20	90	30

锑盐净化除采用传统的三段净化外，也有部分工厂将三段流程改为二段净化流程。如祥云飞龙有限责任公司和会东电锌厂均采用二段净化流程，其工艺过程如下：第一段在维持 80℃ 以上的高温条件下加锌粉、硫酸铜和酒石酸锑钾除铜、镉、钴，产生的净化渣送去提镉回收铜、钴；第二段在 60~70℃ 的温度条件下加锌粉除残余镉，产出的净化液也完全满足沉积的要求。该工艺方法的操作条件见表 4-9。

表 4-9 飞龙实业有限责任公司二段净化的技术参数

项　目	一 段 净 化	二 段 净 化
温度/℃	80~85	60~70
pH 值	4.5~5.2	4.5~5.2
作业时间 / min	120~180	30~60
净液槽容积 / m^3	45	45
搅拌转速/r · min^{-1}	108	108
添加剂	电炉锌粉 3~4kg/m^3，酒石酸锑钾 2kg/m^3，硫酸铜按理论量加入	电炉锌粉 1kg/m^3
中浸液成分	Zn：135~145g/L，Cu：300~350mg/L，Cd：0.8~0.9g/L，Co：8~12mg/L，Ni：14~16mg/L	
净化后液成分	Zn：140~150g/L，Cu：≤0.2mg/L，Cd：≤1.0mg/L，Co：≤1.5mg/L，As：≤0.2mg/L，Sb：≤0.3mg/L	

生产实践说明，采用二段锑盐净化完全能产出合格的净化液，其操作步骤类似于砷盐净化法。但浸出液杂质成分不宜过高，否则锌粉单耗大，所产出的净化渣在后续处理时流程较为复杂，将可能导致钴、镍等杂质在系统中闭路循环，需加以妥善解决。

由于钴的析出超电压较大，氢的超电压又比较低，故需在净化除钴时添加活化剂才能达到除钴的目的，锑盐净化中除需控制好操作技术条件外，还需维持一定的 Sb/Co 量比，一般工厂控制在 0.6~1。

我国柳州锌品厂的净化过程为第一段加普通锌粉；第二段加普通锌粉和合金锌粉除钴，普通锌粉和合金锌粉的用量比为 1∶1，合金锌粉含 Sb 1.5%~2.5%、含 Pb 0.15%~0.25%。

近年来我国湿法炼锌厂越来越广泛地用电炉锌粉代替喷吹锌粉。电炉锌粉其粒度较细，反应比表面积大，且锌粉中含有一定量的 Pb、As、Sb、Sn 等成分，具有合金锌粉的特性，在净化除钴时可降低除钴的锌粉单耗。

4.3.4 有机试剂法除钴、镍

有机试剂沉淀法除钴是通过试剂与溶液中钴、镍等杂质形成难溶的化合物被除去的方法。目前在生产上应用的有机试剂除钴法有黄药除钴和 α-亚硝基-β-萘酚除钴法。

4.3.4.1 黄药除钴法

黄药是一种有机试剂，其中黄酸钾（C_2H_5OCSSK）和黄酸钠（$C_2H_5OCSSNa$）被应用于湿法炼锌过程中的净化除钴。其机理在于黄药能与溶液中的钴、镍等重金属形成难溶的络盐沉淀。黄药与重金属形成黄盐酸的溶度积见表 4-10。

表 4-10 重金属黄盐酸的溶度积

黄盐酸	溶度积	黄盐酸	溶度积
$Cu(C_2H_5OCSS)_2$	5.2×10^{-20}	$Fe(C_2H_5OCSS)_3$	10^{-21}
$Cd(C_2H_5OCSS)_2$	2.6×10^{-14}	$Co(C_2H_5OCSS)_2$	5.6×10^{-9}
$Zn(C_2H_5OCSS)_2$	4.9×10^{-9}	$Co(C_2H_5OCSS)_3$	$10^{-13}\sim10^{-14}$
$Fe(C_2H_5OCSS)_2$	8×10^{-8}		

从表 4-10 可看出，比锌的黄盐酸难溶的有 Cu^{2+}、Cd^{2+}、Fe^{3+}、Co^{3+} 的黄盐酸，所以加入黄药便可以除去锌浸出液中的杂质金属离子。

黄药除钴实质是在硫酸铜存在的条件下，溶液中的硫酸钴与黄药发生化学反应，生成难溶的黄酸钴沉淀。其反应式如下：

$$8C_2H_5OCS_2Na+2CuSO_4+2CoSO_4 = Cu_2(C_2H_5OCS_2)_2\downarrow+2Co(C_2H_5OCS_2)_3\downarrow+4Na_2SO_4$$

从反应式可以看出，$CuSO_4$ 在除钴过程中使二价钴氧化为三价钴，是一种氧化剂。其他的氧化剂 $Fe_2(SO_4)_3$ 和 $KMnO_4$ 也可起同样的作用，但会给溶液带进新的杂质。实践证明，用 $CuSO_4\cdot5H_2O$（胆矾）作氧化剂其效果最好，故在生产上广泛加胆矾作氧化剂。在 $ZnSO_4$ 溶液中若不加氧化剂，便会产生大量的白色的黄酸锌沉淀，这说明只有 Co^{3+} 才能优先与黄药作用生成 $Co(C_2H_5OCS_2)_3$ 沉淀。为了使除钴效果更好，常向净化槽中鼓入空气。

由于黄药能与钴以外的其他重金属如铜、镉、铁等发生反应，为减少黄药试剂消耗，应在除钴之前首先将这些杂质尽可能完全除去。

实践证明，黄药除钴的最佳温度应控制在 35~40℃之间。温度过高会导致黄药分解与挥发，产生一种有臭味的气体，使劳动卫生条件恶化，同时增加黄药消耗并降低除钴效率。温度过低，又会延长作业时间。生产实践中为了加速反应的进行，所用黄药都是预先配成 10%的水溶液。黄药试剂的调配只能用冷水，且不宜放置时间过长，否则会导致黄药的分解而失败，其反应如下：

$$C_2H_5OCSSNa+H_2O \longrightarrow C_2H_5OH+NaOH+CS_2$$

黄药在酸性溶液中也容易发生分解反应，所以当除钴溶液的 pH 值较低时，便会增加黄药单耗，除钴效率降低。采用黄药除钴时一般控制溶液 pH 值在 5.2~5.4。由于净化液中钴离子浓度较低，仅为 8~15mg/L，要使反应迅速进行且又彻底，必须加入过量的黄药。在生产实践中黄药的加入量为钴量的 10~15 倍，硫酸铜的加入量为黄药的 1/5。

黄药还与 Cu、Ni、Fe、As、Sb 等发生反应，故综合除杂效果良好。但由于过量的黄药能够与锌反应生成黄酸锌沉淀，使净化渣中含有大量的锌，导致锌的损失，且净化渣含钴品位低，不利于综合回收有价金属，因此黄酸钴渣需进行酸洗，将净化中的锌大部分回收，以利于钴渣的进一步处理。

由于黄药试剂较为昂贵，且净化过程特别是净化渣酸洗过程中会散发出臭味，劳动条件恶劣，故国内仅有少数厂家采用。以株洲冶炼厂为例，第一段采用流态化除铜镉，第二段采用间断操作加黄药除钴，主要操作控制技术参数见表 4-11。

表 4-11　主要操作控制技术参数

阶　段	技　术　参　数		数　值
一段净化	流态化净化槽单槽容积 / m^3		20
	处理溶液的能力/$m^3 \cdot h^{-1}$		60~80
	上清溶液中铜镉比		1：（3~4）
	反应温度/℃		55~60
	锌粉消耗/$kg \cdot m^{-3}$		3~4
	管式过滤器面积/$m^2 \cdot 台^{-1}$		64
	过滤速度/$m^3 \cdot (m^2 \cdot h)^{-1}$		0.4~0.8
二段净化	机械搅拌反应槽单槽容积/m^3		100
	反应温度/℃		40~50
	溶液 pH 值		> 5.4
	吨锌试剂单耗/kg	黄　药	4.5~5.0
		硫酸铜	1.0
	作业时间/min		15~20
	过滤器面积/$m^2 \cdot 台^{-1}$		97

株洲冶炼厂Ⅰ系统浸出上清液与净化后液成分列于表 4-12 中。所产铜镉渣与钴渣成分列于表 4-13 中。

表 4-12　浸出液与净化液成分　　g/L

溶液	Zn	Fe	Cd	Cu	Ni	Co	Ge	As	Sb
浸出液	130 ~170	0.025	0.6 ~1.20	0.15 ~0.4	0.008 ~0.012	0.008 ~0.0025	0.0004	0.00048	0.0005
净化液	140 ~165	0.03	0.0025	0.002	0.002	0.001	0.00004	0.00024	0.0003

表 4-13　铜镉渣与钴渣的成分　　%

净化液	Zn	Cd	Cu	Ni	Co	As	Sb	Ge
铜镉渣	40.26	14.31	5.64	0.076	0.0212	0.278	0.088	0.0029
钴渣	16.08	2.306	4.17	0.0022	1.67	0.23	0.1	0.0021

4.3.4.2 β-萘酚除钴法

A 除钴机理

β-萘酚是一种灰白色薄片，略带苯酚气味，冶金上用来做除钴试剂及表面活性剂。湿法炼锌电解沉积过程中若加入少量的β-萘酚可改善锌片质量，提高电流效率。

β-萘酚用于净化除钴是因为β-萘酚与 $NaNO_2$ 在弱酸性溶液中生成α-亚硝基-β-萘酚，当溶液 pH 值为 2.5~3.0 时，α-亚硝基-β-萘酚与 Co^{2+} 反应生成蓬松状褐红色铬盐沉淀，从而达到净化除钴的目的。其化学反应式为：

$$13C_{10}H_6ONO^- + 4Co^{2+} + 5H^+ \longrightarrow C_{10}H_6NH_2OH + 4Co(C_{10}H_6ONO)_3 \downarrow + H_2O$$

由于α-亚硝基-β-萘酚与溶液中的 Co^{2+} 的反应很充分，因此采用该法可将钴除得非常彻底。该法与黄药除钴法相比，其劳动条件较好，且不需单设钴渣酸洗，产生的钴渣综合回收较为便利，故国外采用该法的工厂较多，如日本的安中、彦岛，意大利的马格拉港炼锌厂等。我国祥云飞龙公司于 2001 年开始采用该净化工艺。

α-亚硝基-β-萘酚除钴净化工艺流程如图 4-4 所示。

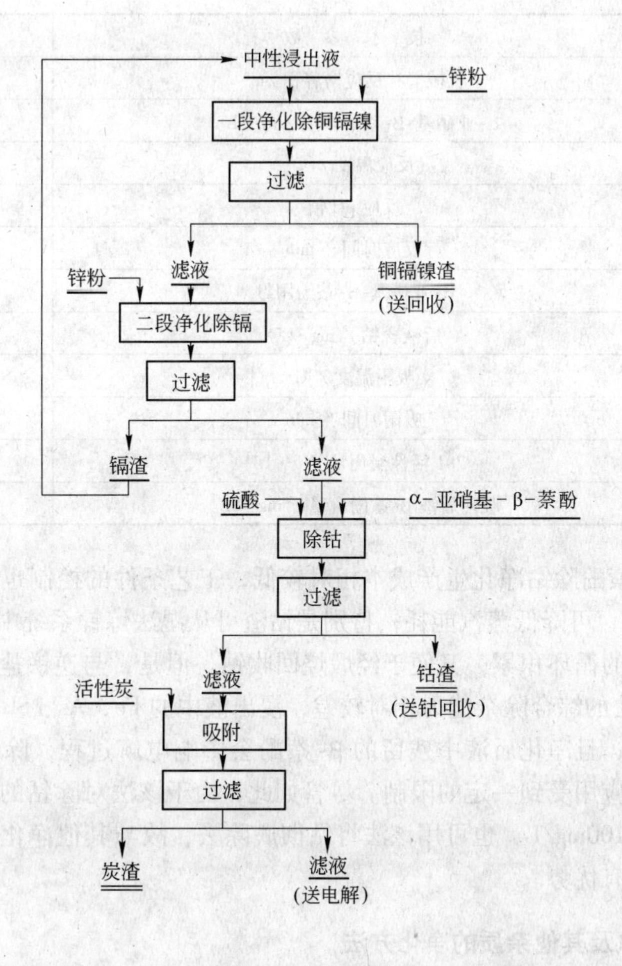

图 4-4 α-亚硝基-β-萘酚除钴净化工艺流程

B　工艺技术条件及操作

（1）α-亚硝基-β-萘酚溶液的配制。由于β-萘酚易溶于碱而难溶于水，且 $NaNO_2$ 在碱性溶液中稳定，故除钴液的配制需在 NaOH 碱性溶液中配制，生产中一般配制成浓度为 100g/L 的溶液待用。α-亚硝基-β-萘酚性能不稳定，配制成的溶液应避光保存，且放置时间不宜过长，一般不超过 2h。

（2）活性炭的预处理。活性炭中夹带有较多的 Fe、As、Sb 等杂质，使用前应经过预处理。可用稀硫酸水溶液浸泡，再用水洗烘干待用。若使用木质活性炭吸附，也可不经预处理而直接使用。

（3）除钴操作与控制。用硫酸将除钴前液酸化至 2.8~3.0，根据前液含钴量计算加入的除钴液，除钴过程需监测溶液酸度确保 pH 值为 2.8~3.0，反应时间为 30~60min。

祥云飞龙公司的生产实践表明，α-亚硝基-β-萘酚除钴反应过程较为迅速，除钴后液含钴可降至 1.0mg/L 以下。反应温度对除钴效果影响甚微，但与酸度有关。除钴及吸附工艺技术参数见表 4-14。

表 4-14　除钴及吸附工艺技术参数

操　作	技　术　参　数	数　值
除　钴	机械搅拌反应槽容积 / m^3	35
	α-亚硝基-β-萘酚浓度 / $mg \cdot L^{-1}$	100
	反应温度 / ℃	45~55
	反应 pH 值	2.8~3.0
	反应时间 / min	30~45
	α-亚硝基-β-萘酚用量	10~12 倍（钴量）
	后液含钴 / $mg \cdot L^{-1}$	0.8~1.0
活性炭吸附	吸附温度 / ℃	40~45
	吸附时间 / min	60~90
	781 活性炭用量 / $g \cdot L^{-1}$	0.8~1.2
	吸附后液 β-萘酚含量 / $mg \cdot L^{-1}$	≤1.0

α-亚硝基-β-萘酚除钴净化生产成本相对较低，工艺条件的控制也较为简单，除钴过程在 60℃以下进行，可降低蒸汽能耗，特别是钴渣可从湿法炼锌系统中单独分离出来，即可避免钴在系统中的循环积累，又便于经煅烧回收钴。但是，与逆锑盐净化法相比，α-亚硝基-β-萘酚除钴法的综合除杂能力相对较差，浸出液中的 Fe、As、Sb、Cd、Ni 等杂质仍需用锌粉置换除去，且净化后液中残留的 β-萘酚会影响电解过程，除钴后液需用活性炭吸附，故该法推广应用受到一定的限制。尽管如此，由于该法对除钴的选择性较强，即便溶液含钴高达 50~100mg/L，也可用该法将钴彻底除去，故与其他净化方法相比，对于高钴溶液的净化仍具有优势。

4.3.5　除去氯、氟及其他杂质的净化方法

中性浸出液中的氯、氟、钾、钠、钙、镁等离子含量如超过允许范围，也会对电解过

程造成不利影响，可采用不同的净化方法降低它们的含量。

4.3.5.1　除氯

一般情况下，氯的主要来源是锌烟尘中的氯化物及自来水中的氯离子。溶液中氯离子的存在会腐蚀锌电解过程的阳极，使电解液中铅含量升高而降低析出锌品级率，当溶液含氯离子高于100mg/L时应净化除氯。常用的除氯方法有硫酸银沉淀法、铜渣除氯法、离子交换法等。

（1）硫酸银沉淀法。硫酸银沉淀除氯是往溶液中添加硫酸银与氯离子作用，生成难溶的氯化银沉淀，其反应为：

$$Ag_2SO_4+2Cl^- = 2AgCl\downarrow +SO_4^{2-}$$

该方法操作简单，除氯效果好，但银盐价格昂贵，银的再生回收率低。

（2）铜渣除氯法。铜渣除氯是基于铜及铜离子与溶液中的氯离子相互作用，形成难溶的氯化亚铜沉淀。用处理铜镉渣生产镉过程中所产的海绵铜渣（25%~30%Cu、17%Zn、0.5%Cd）作沉氯剂，其反应为：

$$Cu_{(\text{海绵体})}+2Cl^-+Cu^{2+} = Cu_2Cl_2\downarrow$$

过程温度45~60℃，酸度5~10g/L，经5~6h搅拌后可将溶液中氯离子从500~1000mg/L降至100mg/L以下。

（3）离子交换法。离子交换法除氯是利用离子交换树脂的可交换离子与电解液中待除去的离子发生交互反应，使溶液中待除去的离子吸附在树脂上，而树脂上相应的可交换离子进入溶液。国内某厂采用国产717强碱性阴离子树脂，除氯效率达50%。

4.3.5.2　除氟

氟来源于锌烟尘中的氟化物，浸出时进入溶液。氟离子会腐蚀锌电解槽的阴极铝板，使锌片难于剥离。当溶液中氟离子高于80mg/L时，须净化除氟。一般可在浸出过程中加入少量石灰乳，使氢氧化钙与氟离子形成不溶性氟化钙（CaF）再与硅酸聚合，并吸附在硅胶上，经水淋洗脱氟使硅胶再生。该方法除氟率达26%~54%。

由于从溶液中脱除氟、氯的效果不佳，一些工厂采用预先火法（如用多膛炉）焙烧脱除锌烟尘中的氟、氯，并同时脱砷、锑，使氟、氯不进入湿法系统。

4.3.5.3　除钾、钠、镁

电解液中K^+、Na^+、Mg^{2+}等碱土金属离子总量可达20~25g/L，如果含量过高，将使硫酸锌溶液的密度、黏度及电阻增加，引起澄清过滤困难及电解槽电压上升。

溶解液中的K^+、Na^+，如果除铁工艺采用黄钾铁矾法沉铁，它们参与形成黄钾铁矾的反应而随渣排出系统。例如日本安中锌冶炼厂经黄钾铁矾沉淀后，溶液中K^+、Na^+由原来的16g/L降至3g/L。

锌电积时，镁应控制在10~12g/L以下，镁浓度过大，硫酸镁结晶析出而阻塞管道及流槽。多数工厂是抽出部分电解液除镁，换以杂质低的新液。

（1）氨除镁。用25%的氨水中和中性电解液，其组成为（g/L）：Zn 130~140，Mg 5~7，Mn 2~3，K 13，Na 2~4，Cl 0.2~0.4，控制温度50℃，pH=7.0~7.2，经1h反

应，锌呈碱式硫酸锌（$ZnSO_4 \cdot 3Zn(OH)_2 \cdot 4H_2O$）析出，沉淀率为95%~98%。杂质元素中98%~99%的Mg^{2+}，85%~95%的Mn^{2+}和几乎全部的K^+、Na^+、Cl^-都留在溶液中。

（2）石灰乳中和除镁。印度Debari锌厂每小时抽出4.3m³废电解液用石灰乳在常温下处理，沉淀出氢氧化锌，将含大部分镁的滤液丢弃，可阻止镁在系统中的积累。或在温度70~80℃及pH=6.3~6.7条件下加石灰乳于废电解液或中性硫酸锌溶液中，可沉淀出碱式硫酸锌，其反应为：

$$4ZnSO_4+3Ca(OH)_2+6H_2O = ZnSO_4 \cdot 3Zn(OH)_2 \cdot 4H_2O+3CaSO_4 \cdot 2H_2O$$

其结果是可除去70%的镁和60%的氟化物。

（3）电解脱镁。在日本彦岛炼锌厂，当电解液中含镁达20g/L时采用隔膜电解脱镁工艺。该工艺包括以下步骤：

1）隔膜电解。从电解车间抽出部分电解废液送隔膜电解槽，进一步电解至含锌20g/L。

2）石膏回收。隔膜电解尾液含H_2SO_4 200g/L以上，用碳酸钙中和游离酸以回收石膏。

3）中和工序。石膏工序排出的废液用消石灰中和以回收氢氧化锌，最终滤液送废水处理系统。

4.4 净化过程的主要设备

净化过程中的主要设备为净化槽和过滤器。前者有流态化净化槽和机械搅拌槽；后者用作液固分离，常用压滤机和管式过滤器。

4.4.1 流态化净液槽

我国湿法炼锌厂采用连续沸腾流态化净液槽除铜、镉。槽的结构如图4-5所示。锌粉由上部导流筒加入，溶液由下部进液口沿切线方向压入，在槽内螺旋上升，并与锌粉呈逆流运动，在流态化床内形成强烈搅拌而加速置换反应的进行。

该设备具有结构简单、连续作业、强化过程、生产能力大、使用寿命长、劳动条件好等优点。

株洲冶炼厂使用的流态化净液槽槽体为钢板焊接，除锥体部分衬胶外其余均衬铅板。西北铅锌冶炼厂使用的槽体为不锈钢焊制。两厂使用的槽体的主要技术性能是相同的。

4.4.2 机械搅拌槽

一般机械搅拌槽容积为50~100m³，但净化槽也趋于扩大化，有150m³及220m³等，如图4-6所示。槽体材质有木质、不锈钢及钢筋混凝土。槽内搅拌器为不锈钢制，转速为45~140r/min。机械搅拌净化槽可单个间断作业，也可几个槽作阶梯排列形成连续作业或用虹吸管连接连续作业。

4.4.3 板框压滤机

板框压滤机是湿法炼锌净化工序应用较广的一种液固分离设备，系由装置在钢架上多

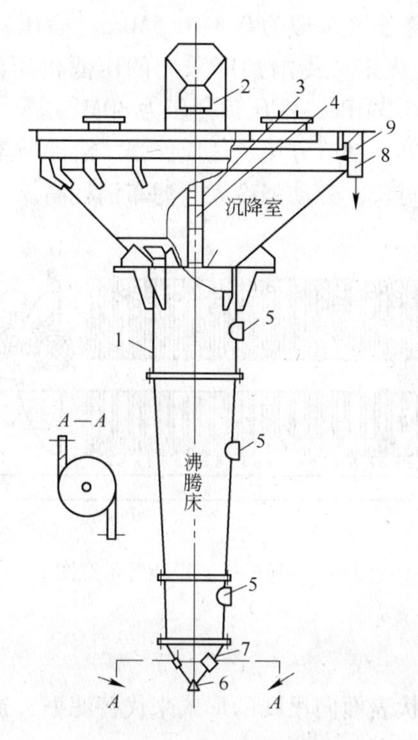

图 4-5 流态化净液槽

1—槽体；2—加料圆盘；3—搅拌机；4—下料圆盘；5—窥视孔；
6—放渣口；7—进液口；8—出液口；9—溢流口

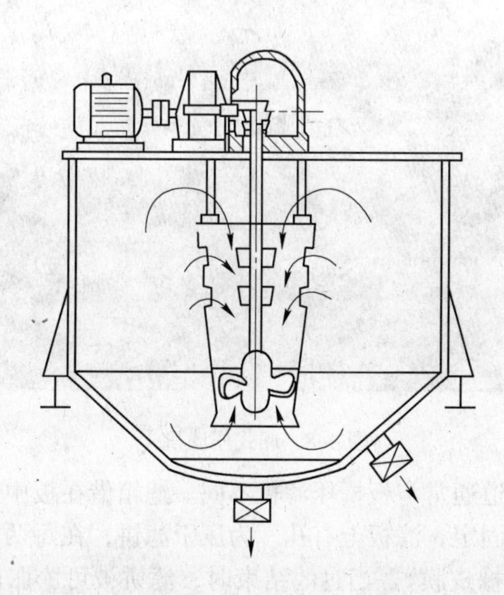

图 4-6 机械搅拌净化槽

个滤板与滤框交替排列而成，其装置如图 4-7 所示。每台过滤机所采用滤板与滤框的数目根据过滤机的生产能力及料液的情况而定，框的数目为 10~60 个，组装时将板与框交替排列，每一滤板与滤框间夹有滤布，将压滤机分成若干个单独的滤室，而后借助油压机等装置将它们压成一块整体。操作压强一般为0.3~0.5MPa（表压）。板框材质为铸铁、木材、橡胶等，视过滤介质的性质选定。我国某厂采用的压滤机压滤面积为$62m^2$，压滤速度$0.4m^3/(m^2\cdot h)$，进液压力0.3MPa，油压顶紧压力30MPa。

板框压滤机具有结构简单、制造方便、适应性强、溶液质量较好等优点。其主要缺点是：间歇作业，装卸作业时间长，劳动强度大，滤布消耗高。

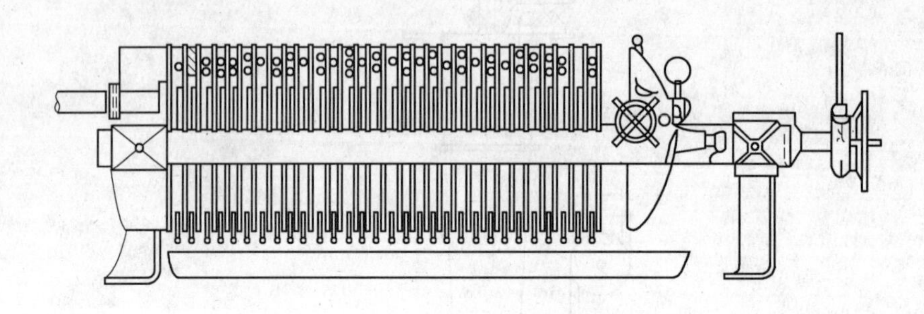

图4-7 板框压滤机装置示意图

4.4.4 厢式压滤机

厢式压滤机以滤板的棱状表面向里凹的形式来代替滤框，这样在相邻的滤板间就形成了单独的滤箱，其装置情况如图4-8所示。

图4-8 厢式压滤机

这种压滤机的进料通道通常与板框压滤机不同。滤箱借在板中央的相当大的孔连通起来，而滤布借螺旋活接头固定，滤板上有孔。为压干滤饼，在每两个滤板中夹有可以膨胀的塑料袋（或可以膨胀的橡皮膜）。当过滤结束时，滤饼被可膨胀的塑料袋压榨而降低液体含量。

厢式压滤机的滤板用聚丙烯塑料压铸而成，具有结构简单、耐腐蚀性强、操作简单等优点，是替代板框压滤机成为净化用的主要过滤设备。但其弊病是间断作业，辅助操作时间长，劳动强度大。为了消除笨重的体力劳动，提高设备生产能力，许多湿法炼锌厂采用自动压滤机，实现了操作过程的全部自动化，但仍存在结构复杂、更换滤布麻烦、滤布损耗较大等问题。

4.4.5 管式过滤机

我国研制成功的尼龙管式过滤机是一种高效的液固分离设备，一些工厂已用它代替原来的一段或两段的板框式压滤机。

这种管式过滤机属于明流、稀渣型。它由封头、筒体、锥体、过滤管、环形聚流装置等组成。筒内无需防腐。封头（即筒盖）用钢板焊接压制成型，其上开有 48 个直径为 108mm 的孔，并焊以套管和法兰，用以安装过滤管。筒体用钢板焊接成圆筒形，其上开有残液放出口、吹风口和进水口，并装有阀门。锥体用钢板制作，与筒体焊在一起，锥度为 60°，其上有成切线方向的进液口，锥底装有放渣阀。

4.5 净化过程的技术经济指标

各湿法冶金工厂采用的净化工艺方法不同，相应的净化后液杂质含量控制水平亦略有不同。例如有的工厂浸出液含锌较高，相应的净化后液允许的杂质含量偏高一些，而浸出液含锌较低的工厂则需要严格控制杂质金属离子的含量，以确保锌电解沉积的锌片含量和电流效率。近年来世界上一些湿法炼锌厂净化后液成分列于表 4-15。我国某些工厂净化后液成分见表 4-16，其主要技术经济指标见表 4-17。

表 4-15 世界上一些湿法炼锌厂净化后液成分统计数据

组 成	含 量		组 成	含 量	
	被动范围	平均成分		被动范围	平均成分
Zn/g·L^{-1}	130~180	151.60	Sb/mg·L^{-1}	0.001~11	0.578
Cd/mg·L^{-1}	0.0~3.9	0.71	Mg/g·L^{-1}	0.87~18.0	10.06
Fe/mg·L^{-1}	0.1~60.0	7.49	F/mg·L^{-1}	0.51~194	20.48
Co/mg·L^{-1}	0.01~2.00	0.27	Cl/mg·L^{-1}	55~1100	229.7
Ni/mg·L^{-1}	0.0~1.0	0.12	Mn/g·L^{-1}	0.037~14.5	4.60
Ge/mg·L^{-1}	0.0~1.0	0.02			

表 4-16 我国湿法炼锌厂净化后液成分

成 分	株洲冶炼厂Ⅰ系统	株洲冶炼厂Ⅱ系统	祥云飞龙公司	西北铅锌冶炼厂	柳州锌品厂	开封炼锌厂	会泽冶炼厂
Zn/g·L^{-1}	140~170	130~170	125~135	150~170	135~140	130~150	120~130
Cu/mg·L^{-1}	≤0.2	≤0.2	≤0.15	≤0.1	0.1	0.5	<0.5
Cd/mg·L^{-1}	≤1.5	≤1.0	≤0.8	≤0.8	1	2	<4
Co/mg·L^{-1}	≤1.0	≤1.0	≤1.5	≤0.7	1	2	<4
Ni/mg·L^{-1}	≤1.5	≤1.0	≤1.0	≤0.7	0.1	5	
As/mg·L^{-1}	≤0.24	≤0.24	≤0.2	≤0.05	0.061	0.06	
Sb/mg·L^{-1}	≤0.3	≤0.3	≤0.3	≤0.1	0.02	0.1	
Ge/mg·L^{-1}	≤0.05	≤0.04	≤0.005		0.04		
Fe/mg·L^{-1}	≤20	≤20	≤10	≤20	18	10	<30
F/mg·L^{-1}	≤50	≤50	≤50	≤30		50	<50
Cl/mg·L^{-1}	≤200	≤200	≤180	≤200		150	<80
Mn/g·L^{-1}	2~5		8~16	4~5	3~4	3~3.5	

表 4-17 我国一些湿法炼锌厂净化过程的技术经济指标

厂 名	净化方法及段数	生产 1t 锌的锌粉消耗/kg	生产 1t 锌的添加剂消耗/kg	锌回收率/%
株洲冶炼厂Ⅰ系统	锌粉-黄药法两段间断	喷吹锌粉 40~45	黄药 4.5~5 $CuSO_4$ 0.5~1	99.5
株洲冶炼厂Ⅱ系统	锌粉-锑盐法三段连续	喷吹锌粉不大于 60	酒石酸锑钾不大于 0.03	99.6
西北铅锌冶炼厂	锌粉-锑盐法三段连续	喷吹锌粉 15~20，合金锌粉 25~30	Sb_2O_3 0.016~0.02	99.3
原沈阳冶炼厂	锌粉-砷盐法两段间断	锌粉 50~60	As_2O_3 2.4~2.6 $CuSO_4$ 4~12	99.1
柳州锌品厂	锌粉-锑盐法两段间断	喷吹锌粉 20~21，合金锌粉 20~21	$KMnO_4$ 0.1~0.2	98.8
会泽冶炼厂	锌粉-黄药法两段间断	锌粉 30	黄药 2.0，$CuSO_4$ 1.5 $KMnO_4$ 0.13	99.7

根据统计资料，目前世界上有 75%的湿法炼锌厂用连续两段净化方法。净化阶段的反应时间为 1.6~11.0h，平均为 8.2h，净化温度为 50~98℃，平均温度 75℃。75%的工厂除钴活化剂采用锑或砷的氧化物，添加锑试剂的温度为 63~90℃，平均温度为 80℃。生产 1t 锌的锌粉消耗，以由 20 世纪 80 年代 16~150kg，降到 90 年代的 2.7~88.8kg，平均为 47.9kg：其他试剂的消耗（kg）为：As_2O_3 1.0，Sb_2O_3 0.021，β-萘酚 0.9，$CuSO_4$ 2.0。

4.6 净化过程岗位操作

4.6.1 一段净化

（1）工艺操作条件。温度：50~55℃；反应时间：1~2h。

（2）一净压后液含 Cu 不大于 0.5mg/L，Cd 不大于 20mg/L。

（3）锌粉用量计算。

$$理论锌粉量=[Cu 含量(g/L)/63.54+Cd 含量(g/L)/112.41]\times 流量(m^3/h)\times 65.38/Zn_{有效}(kg)$$

$$实际加入锌粉量=2.5\sim 3.0 倍理论锌粉量$$

（4）主动与浸出车间联系，了解中上清液的供给及含杂质情况，每班取 1 次中上清样化验 Zn、Fe、As、Sb、Co、Cu、Cd。

（5）根据产量要求和上清供给情况，调节好中上清流量，同时调节好加热蒸汽阀门大小，严格按技术条件要求控制好温度。

（6）按计算量加入锌粉。其中第一槽加入锌粉总量的 70%，第二槽加入锌粉总量的 20%，第三槽加入锌粉总量的 10%。

（7）经常检查锌粉仓的料位及下料情况，保证锌粉连续、均匀下料。

（8）每小时取压滤前液样化验 Cd 含量，同时在贮槽入口处取压滤后液样化验 Cd 含量，每班取一综合样（每 2h 取一次样后混合）化验 Sb、Co 、Cu、Cd。

（9）密切注意溶液的压滤情况，防止一净中间槽冒槽。

（10）停机后重新开槽时，先加锌粉搅拌，待槽内溶液做合格时，才能连续净化作业。

4.6.2 二段净化

（1）工艺操作条件。温度：85~90℃；时间：2~3h；锌粉用量：3~4kg/m^3；酒石酸锑钾用量：钴锑比（0.6~1）∶1（锑盐加入与否可根据除钴效率情况定）。

（2）二净压后液含 Co 不大于 1.5mg/L，Sb 不大于 0.3mg/L。

（3）每小时在 4 号（取样地点可根据实际开槽情况定）进槽口和 6 号槽溢流处各取一次样化验 Co。6 号槽出口杂质超标时根据具体情况适当补加锌粉和锑盐。Co 的变化趋势异常时，要及时调整锑盐用量。

（4）压滤后液每进满一贮槽即取综合样化验 Sb、Co，每班取一综合样（每 2h 取一次样后混合）化验 Co、As、Sb、Cd、Ni。

（5）经常检查锌粉仓的料位及下料情况，保证锌粉连续、均匀下料。

（6）密切注意溶液的压滤情况，防止二净中间槽冒槽。

（7）停机后重新开槽时，先加锌粉搅拌，待槽内溶液做合格时，才能连续净化作业。

4.6.3 三段净化

（1）工艺操作条件。温度：75~80℃；反应时间：1.0~1.5h，锌粉用量：0.5~1kg/m^3。

（2）新液的质量要求。Cu：≤0.2mg/L；Cd：≤1mg/L；Sb：≤0.1mg/L；As：≤0.08mg/L；Co：≤1mg/L；Fe：≤10mg/L；Ni：≤1.0mg/L；Ge：≤0.04mg/L；Zn：130~150g/L。

（3）按要求加入锌粉，其中第一槽加入 80%，第二槽加入 20%。

（4）每小时在三净压滤出口溜槽取一次样化验 Co、Cd。当发现压滤后液 Co、Cd 含量上升时，要及时调整锌粉用量并检查压滤情况和及时卸渣。

（5）经常检查锌粉仓的料位及下料情况，保证锌粉连续、均匀下料。

（6）密切注意溶液的压滤情况，防止一净中间槽冒槽。

（7）停机后重新开槽时，先加锌粉搅拌，待槽内溶液做合格时，才能连续净化作业。

（8）三净压后液每进满一槽即取综合样化验 Zn、Fe、As、Sb、Cu、Cd、Co、Ni，合格后即泵送给电解。不合格则根据具体超标杂质情况返回中上清贮槽。

4.6.4 主控室

（1）根据生产任务和班长的生产安排，及时通知各岗位开车流量、开车台数等生产指令。

（2）随时观察温度、流量、液位等有关参数和设备开关、运行情况等，及时向各岗位传达有关指令，对异常参数及时通知岗位工调整或班长协调。

（3）负责接收中上清有关事宜，通知质检部采样、接收登记化验结果等工作，并及时向电解报送新液结果和联系送新液事项。

（4）负责向公司调度室汇报有关生产情况，接收、传达和记录公司调度生产指令。

（5）及时向各检修单位联系检修本车间的各种设备设施等事项。

（6）根据系统样，新液结果，及时通知岗位调整失控工序，并随时检查各种添加剂的加入量和工艺参数落实情况。

（7）认真填写主控室记录和登记各种数据台账，搞好室内卫生。

4.6.5　泵运转岗位

4.6.5.1　正常操作

（1）接到主控室开泵通知后，在启动前先盘车，检查地脚螺丝有无松动、有无润滑油，确认无误后再启动泵。

（2）根据通知流量，决定泵出口阀开启度。

（3）泵运行过程中，勤巡视、勤检查，发现异常及时处理，不得隐瞒不报或留下班处理。

（4）当泵内无液体或泵的出口无流量时，不能长时间运转以免损坏泵。

（5）勤与主控室及上下工序联系，注意溶液冒槽。

（6）每周二、五白班清 1 号、2 号地坑泵。

（7）作好岗位记录和泵的维修维护原始记录，搞好泵和周边环境卫生工作。

4.6.5.2　开泵操作

（1）有循环水冷却密封的泵，开通轴封处冷却循环水。

（2）开启进口阀向泵内注满液体，阀门逐渐开启，进液阀先开一半，出液阀先开1/3,按下启动按钮。当泵运转 3~5min 后再调流量，调节流量时注意进口阀比出口阀多半格。

4.6.5.3　停泵操作

（1）按停泵按钮，关闭出口阀，关闭进口阀。

（2）停止轴封处的冷却密封循环水。

4.6.6　净化压滤

（1）矿浆进口压力不大于 0.6MPa，压滤周期不超过 4h。

（2）操作前先检查设备运行是否正常，各部位润滑油是否充足，进出液管路接头是否有渗漏或堵塞。

（3）开压滤机前要把溜槽清扫干净，滤板、滤布应保持清洁。

（4）滤布尺寸应略大于滤板，滤布放置必须整齐，密封面应保持良好，用过的滤布要及时清洗，发现坏布及时更换。

（5）装完滤布后，开动油泵电动机，使活塞前进，顶紧滤板，当压紧到位时，将锁紧螺母后退锁紧，并停止液压油泵电动机。

（6）根据开机流量大小决定开车台数，根据滤速、滤液质量，决定拆洗压滤机的台数。

（7）压滤过程中要有专人看管，经常检查出液口情况，发现问题及时处理，若压滤液浑浊，返回重新压滤。

（8）新开压滤机先开着接液翻板，待滤液清亮合格后关闭，进入正常过滤。

4.6.7 压滤机

（1）操作前先检查油压系统、控制系统和压滤机系统是否正常，确认无误后准备操作。

（2）矿浆进口压力不大于0.6MPa，压滤周期不超过4h。

（3）换装滤布时先系好扎带，布要平整、无夹布、无夹渣。压紧作业时，先开动油泵，当压紧到位时停止油泵。油压限制表必须由专业人员调整，操作人员不能随意调整。压滤机操作严格按《压滤机操作规程》操作。

（4）拆压滤机操作时，先关进液阀，再开压缩空气阀，吹到出液水嘴基本无流液（5~15min），然后关压缩空气阀，再进行拆开操作。

（5）根据流量大小决定开车台数，根据滤速滤液质量决定换滤布台数。

（6）压滤操作时，勤巡检、勤检查、勤卸渣，跑冒滴漏及时处理，对不出液水嘴及时更换，对结晶滤板及时通知滤板班更换。

（7）搞好机体和环境卫生，作好操作记录。

4.6.8 洗、换滤布

（1）按照工段更换滤布的次序数量，按照间隔错开的原则更换。

（2）先与生产班取得联系，允许后方可拆机换布。拆机前先关进液阀，后开压缩空气吹到基本无流液时再拆机。

（3）准备滤布时先检查滤布，有破损不能安装。安装时布要平整系带齐全（钢筋穿带要穿齐全），无斜布、无打折、水嘴齐全。安装完毕后让生产班验收使用。

（4）拆换的滤布及时投入废电解液槽中浸泡，浸泡时布要全淹没，浸泡至少3h后放入洗布机内漂洗2~3遍。废电解液浸泡2次后及时改换，以免因酸度低影响浸泡质量。一、二、三段滤布分开泡洗。

（5）洗布机操作按《洗布机操作规程》操作。

（6）洗好的滤布按一、二、三段分开摆放，分开更换，破损缺带的剔放到专门地方待处理。

（7）操作时注意安全，严禁水冲控制箱，严禁滤布、水嘴等杂物掉进渣中。

（8）搞好机体和环境卫生，作好操作记录。

4.6.9 换滤板

（1）根据生产班提供结晶板机台及时更换备用板，缺水嘴、出液孔堵、破损板不得更换。

（2）更换下的结晶板经废电解液槽内浸泡至少24h后，用高压水枪冲洗干净后备用，出液孔、水嘴结晶时，及时清理后备用。严禁滤布、水嘴等杂物掉进渣斗和溜槽中。

（3）作好更换记录备查，搞好环境卫生。

4.7　特殊操作和事故处理操作

4.7.1　一段净化开车、停车

4.7.1.1　一段净化长期或短期停车时的开车程序

（1）首先应先检查有关管道、阀门、溜槽是否正常，净化槽是否完好，槽放空阀是否关闭。

（2）确定使用槽号，挡好溜槽插板，并通知贮槽输送岗位、一段输送岗位及一段压滤岗位等相关岗位。

（3）当净化槽为空槽时，应先联系中上清泵岗位开中上清泵，灌满净化槽后停泵，待槽内溶液做合格后，才能连续净化生产。当首槽为满槽时，其他为空槽时，可待首槽合格后再连续小流量生产，灌满空槽，待合格后，调至正常流量生产。

（4）当净化槽灌满后，停中上清泵，测定溶液温度。若温度低于80℃，开蒸汽加温至85℃，并取样送化验室化验Cu、Cd、Co等杂质含量，并开搅拌器搅拌，准备生产。

（5）根据各槽液体成分，按理论用量的5倍（但不少于100kg）计算加入各槽锌粉量。当Cu∶Cd小于1∶3时，补足相应的$CuSO_4$。

（6）准备工作结束后，将$CuSO_4$、锌粉加入各槽内，控制锌粉加入速度，严防因剧烈反应而冒槽。

（7）锌粉加入后，继续搅拌半小时，取样送化验室化验Cu、Cd，并通知一段输送、压滤、中上清泵等岗位准备生产。

（8）当溶液合格后，通知中上清泵开泵，按150~160m^3/h的流量输送中上清，同时按相应流量在首槽加入锌粉（理论用量的5倍）、$CuSO_4$进行连续净化。

（9）当首槽流出溶液时，注意检查溜槽及插板情况，防止溜槽、插板渗漏，并逐一检查至溶液流入一段中间槽。

（10）通知一段压滤、一段输送岗位开泵开始生产。

（11）生产0.5h后，取样送化验室化验Cu、Cd、Co含量，并根据质量情况及时调整锌粉加入量及系统流量，保证生产情况正常。

4.7.1.2　连续生产中的正常操作

（1）正常生产中经常检查锌粉罐的料位及锌粉下料口，保证锌粉下料顺畅，不结渣、不断流。

（2）保证净化温度80~85℃，净化时间1~1.5h，净化后液含Cu不大于0.002g/L，Cd不大于0.050g/L。

（3）每隔2h取一段净化液化验Cu、Cd，并按杂质含量变化、系统流量变化及时调整锌粉的流量。

（4）每班取一次中上清液样，并根据中上清含量及时调整锌粉、$CuSO_4$加入量。

（5）及时根据上级要求调整生产流量、产量，并根据产量要求及时调整锌粉、$CuSO_4$加入流量。

（6）及时接收残Cd渣液，稳定生产。

（7）每班交班时检查净化槽、溜槽、通气孔等设备情况，发现结晶、结渣及时清理。

4.7.1.3 停车程序

（1）当设备出现故障或生产要求需要停车时，应根据情况及时停车。

（2）先停中上清泵，通知贮槽输送岗位停泵。待首槽没有液体流出后，将锌粉振动给料机内的锌粉加干净后，停止加锌粉并通知一段输送岗位停车。

（3）根据要求，采取相关措施，停搅拌或放空净化槽，检修设备或准备好下一次开车。

（4）打扫卫生，清理散落锌粉，以防止锌粉氧化、着火等。

4.7.2 二段净化开车、停车

4.7.2.1 二段净化长期或短期停车时的开车程序

（1）首先应先检查有关管道、阀门、溜槽是否正常，净化槽是否完好，槽放空阀是否关闭。

（2）确定使用槽号，挡好溜槽插板，并通知贮槽输送岗位、二段输送岗位及二段压滤岗位等相关岗位。

（3）当净化槽为空槽时，应先联系一段输送岗位开泵，合格一段后液灌满净化槽后停泵，待槽内溶液做合格后，才能连续净化生产。当首槽为满槽时，其他为空槽时，可待首槽合格后再连续小流量生产，灌满空槽，待合格后，调至正常流量生产。

（4）当净化槽灌满后，停泵测定溶液温度。若首槽温度低于82℃，开蒸汽加温至90℃，并取样送化验室化验Cd、Co等杂质含量，并开搅拌器搅拌，准备生产。

（5）根据各槽液体成分，按理论用量的5倍（但不少于100kg）计算加入各槽锌粉量。

（6）准备工作结束后，将锑盐、锌粉加入各槽内，控制锌粉加入速度，严防因剧烈反应而冒槽。

（7）锌粉加入后，继续搅拌半小时，取样送化验室化验Co、Cd，并通知二段输送、压滤、贮槽输送等岗位准备生产。

（8）当溶液合格后，通知一段输送岗位开泵，按150~160m^3/h的流量输送合格一段净化后液，同时按相应流量在首槽加入锌粉（理论用量的5倍）、锑盐进行连续净化。

（9）当首槽流出溶液时，注意检查溜槽及插板情况，防止溜槽、插板渗漏，并逐一检查至溶液流入二段中间槽。

（10）通知二段压滤、二段输送、贮槽输送岗位开泵开始生产。

（11）生产0.5h后，取样送化验室化验Cd、Co含量，并根据质量情况及时调整锌粉加入量及系统流量，保证生产情况正常。

4.7.2.2 连续生产中的正常操作

（1）正常生产中经常检查锌粉罐的料位及锌粉下料口，保证锌粉下料顺畅，不结渣、不断流。

（2）保证首槽溶液温度 82～90℃，末槽溶液温度 80～82℃，净化时间 1.5～2.5h，净化后液含 Cd 不大于 1.4mg/L，Co 不大于 1.2mg/L。

（3）每隔 2h 取二段净化液化验 Cu、Cd，并按杂质含量变化、系统流量变化及时调整锌粉、锑盐的流量。

（4）每班应根据前两个小时的液样含量及时调整锌粉、锑盐加入量。

（5）及时根据上级要求调整生产流量、产量，并根据产量要求及时调整锌粉、锑盐加入流量。

（6）每班交班时检查净化槽、溜槽、通气孔等设备情况，发现结晶、结渣及时清理。

4.7.2.3 停车程序

（1）当设备出现故障或生产要求需要停车时，应根据情况及时停车。

（2）先停一段后液输送泵，通知贮槽输送岗位停泵。待一段后液流量为零时，通知换热器岗位停换热器。待首槽没有液体流出后，将锌粉振动给料机内的锌粉加干净后，停止加锌粉并通知二段输送岗位停车。

（3）根据要求，采取相关措施，停搅拌或放空净化槽，检修设备或准备好下一次开车。

（4）打扫卫生，清理散落锌粉，以防止锌粉氧化、着火等。

4.7.3 净化故障处理

（1）当一次净化除铜镉效率低时，除正常检查加锌粉装置、锌粉粒度、溶液温度等条件是否满足工艺条件以外，采样检测溶液的 pH 值。当 pH 值低于 4.8 时，除镉效率低，此时就向净化槽内加大锌粉量，并及时通知上道工序，严格控制中上清溶液 pH 值在4.8～5.4 之间。

（2）当一次净化后液压滤困难时，就从以下方面考虑：检查中上清溶液是否跑浑；检查滤板过滤孔是否结晶堵塞；检查滤布表面的渣是否发黏，即有机物和胶体是否过多。此时应根据不同情况加以处理。

（3）当除钴效率低时，先采样检测溶液的 pH 值，当 pH 值大于 5.2 时，可考虑向溶液中补加废液，使溶液的 pH 在 4.8～5.2 之间，以强化反应，提高除钴效率。

（4）因中上清溶液中絮凝剂过量而使除钴效率低时，如溶液有明显的锌粉包团情况，就是中上清中絮凝剂过量。此时除向浸出通知严格控制絮凝剂量外，可向已送至净液的中上清罐内适当跑浑，以消除多余的絮凝剂。

（5）当压滤前液合格、压后液不合格时，要及时检查压滤机是否出现透滤、漏滤，并及时处理。如果是反溶即在最后一槽适当多加锌粉。

习　题

4-1 锌焙砂中性浸出液净化时，锌粉置换除铜镉的原理是什么？影响锌粉置换反应的因素有哪些？

4-2 在硫酸锌溶液中的杂质 Cu、Cd、Co、Ni、As、Sb、F、Cl 在电积过程中有什么危害？如何将它们在净化过程中除去？

4-3 比较从硫酸锌溶液中沉钴的方法。

5 综合回收

5.1 工艺原理

由净化车间出来的净化渣中含有大量的Cu、Co、Zn、Cd等金属。现在炼锌企业为了最大限度回收利用以获得最高的经济效益，通常要将净化渣进一步处理，提取渣中元素。综合回收主要包括混合渣浸出、酸洗、富镉液除钴及富镉液置换。

（1）混合渣浸出。利用金属锌、镉及其氧化物在稀酸易溶解，而金属铜不易溶于稀酸的性质，锌、镉进入溶液中，而金属铜留在渣中，从而达到铜与镉、锌的分离。主要反应如下：

$$Cd+H_2SO_4 = CdSO_4+H_2\uparrow \tag{5-1}$$

$$CdO+H_2SO_4 = CdSO_4+H_2O \tag{5-2}$$

$$Zn+H_2SO_4 = ZnSO_4+H_2\uparrow \tag{5-3}$$

$$ZnO+H_2SO_4 = ZnSO_4+H_2O \tag{5-4}$$

其中少部分氧化铜按以下反应进入溶液中：

$$CuO+H_2SO_4 = CuSO_4+H_2O$$

（2）酸洗。将混合渣浸出作业过程中的未溶解的锌在高酸度下，继续溶出，以最大限度地降低渣中的锌，主要反应见式（5-3）和式（5-4）。

（3）富镉液除钴。β-萘酚与$NaNO_2$在弱酸性溶液中生成α-亚硝基-β-萘酚，溶液pH值在3左右时，α-亚硝基-β-萘酚同Co反应生成蓬松的红褐色络盐沉淀。主要反应如下：

$$13C_{10}H_6ONO^-+4Co^{2+}+5H^+ \longrightarrow C_{10}H_6NH_2OH+4Co(C_{10}H_6OHO)_3+H_2O$$

（4）富镉液置换。利用标准电位低的金属能把标准电位高的金属离子置换出来的原理，用锌粉将溶液中的金属镉离子置换出来，反应如下：

$$Zn+CdSO_4 = ZnSO_4+Cd$$

5.2 原料、产品要求

（1）产品的质量要求。

铜渣：含Cu大于52%，含Zn小于8%。

钴渣：含Co大于2%，含Zn小于14%。

粗镉：≥98%。

（2）原辅材料标准。

一净渣成分：Zn 38%~50%，Cu 3%~10%，Cd 2%~5%。

二净渣成分：Zn 50%~70%。

制镉锌粉：粒度−420μm，含Zn大于93%。

氢氧化钠：≥96%。

β-萘酚：≥99%。

亚硝酸钠：≥98.5%。

活性炭：178μm。

5.3 工艺流程

综合回收过程是将净化渣用稀酸浸出，净 Co、Zn、Cd 等金属溶解其中，经过滤后，滤液除钴，富集镉，在精镉工段生产粗镉。滤渣经高酸浸出，得到铜渣。具体工艺流程如图 5-1 所示。

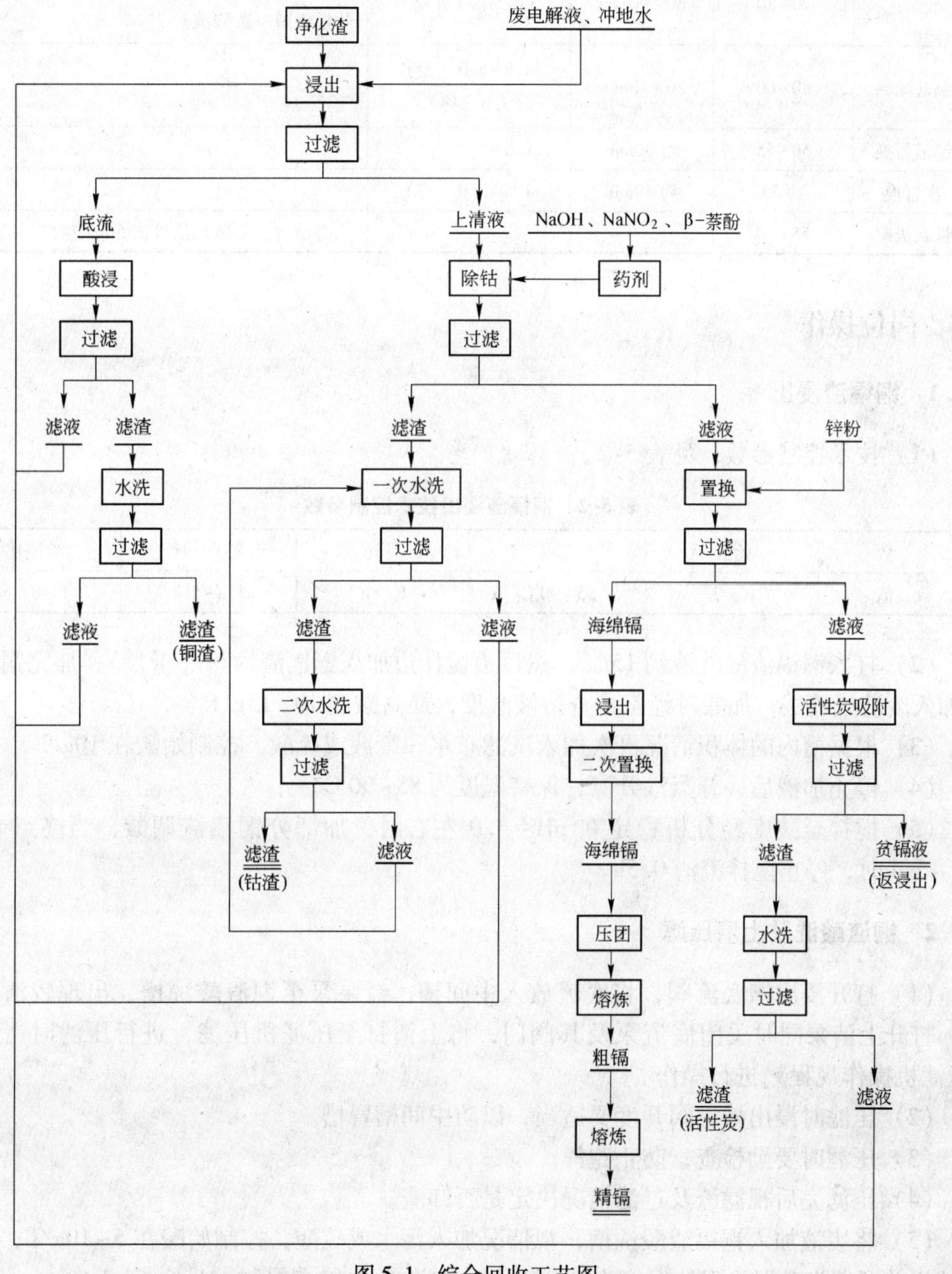

图 5-1 综合回收工艺图

5.4 工艺技术条件

综合回收的工艺技术条件见表5-1。

表5-1 综合回收工艺技术条件

操 作	温度/℃	反应时间	pH值	其 他
混合渣浸出	80~85	6~8h	4.0~5.0（终）	每槽加渣量约15t
酸洗	70~80	60~90min	35~50g/L（终）	液固比（4~6）:1（一般为浸出压滤机的两板渣做一次酸洗）
富镉液除钴	50~60	30~40min	4.5~5.0（始） 3.0（终）	
富镉液置换	50~55	约30min	2.0~3.0（终）	
二次置换	约55	约30min	1.5~2.0（终）	
活性炭吸附	55~60			每槽溶液一般加活性炭50kg左右

5.5 岗位操作

5.5.1 铜镉渣浸出

（1）技术控制参数，见表5-2。

表5-2 铜镉渣浸出技术控制参数

参 数	始酸	温度	时间	终点pH	液固比
数 值	10g/L	85~90℃	6~8h	5.2~5.4	（6~8）:1

（2）打入铜镉渣酸洗液约15m^3，然后边搅拌边加入铜镉渣约6t（干量），加完铜镉渣后加入废液或硫酸，加酸时经常检查溶液酸度，最高酸度10~15g/L。

（3）根据槽内的体积情况再次加入洗滤布水和废液或硫酸，控制始酸在10g/L。

（4）停止加液后，开蒸汽升温，保持温度为85~90℃。

（5）搅拌至酸度经分析稳定在pH=4.0左右时，加部分铜镉渣调酸，当终点pH=5.2~5.4时，停止搅拌澄清0.5h。

5.5.2 铜渣酸洗及上清压滤

（1）打开浸出槽底流阀，将底流放入中间槽，经泵泵至铜渣酸洗槽，出现较清溶液时，打开上清泵同时关闭底流泵及其阀门，将上清打至压滤机压滤，进行压滤时严格按《压滤机操作规程》进行操作。

（2）压滤时浸出槽底阀开度要适当，以防中间槽冒槽。

（3）压滤时要勤检查，防止跑浑。

（4）压滤完后视滤渣及过滤情况决定是否卸渣。

（5）将废液加入铜镉渣酸洗槽，视情况加入污水或硫酸，控制始酸在5~10g/L，开动搅拌机并开蒸汽升温，保持温度为70~80℃，洗涤1h，终点控制pH=2.5~3.0。

5.5.3 铜镉渣浆化及过滤

（1）将酸洗渣和滤布洗水加入浆化槽，开动搅拌机，控制液固比在(3~5)：1。

（2）搅拌10~20min，然后边搅拌边开泵打至压滤机压滤。

（3）开压滤机压滤时严格按《压滤机操作规程》进行操作。

5.5.4 钴渣酸洗及压滤

（1）技术控制参数见表5-3。

表5-3 钴渣酸洗及压滤技术控制参数

参数	始酸	温度	时间	终点pH	液固比
数值	≥3.5	70~80℃	10~12h	3.5~4.5	(6~8)：1

（2）将钴渣12t（干量）加入钴渣酸洗槽，加入冷凝水或生产水，同时加入废液，严格控制始酸小于3g/L。

（3）停止加液后，开蒸汽升温，保持温度为70~80℃，同时开搅拌进行酸洗。

（4）酸洗终点达到后，即可进行压滤。

5.5.5 贫镉液沉钴

（1）将贫镉液泵入沉钴槽，约40m^3。

（2）加蒸汽升温至85~90℃后，开搅拌，同时加入锑盐、锌粉，锑盐量按Sb：Co=(0.6~1)：1加入，锌粉按3~5g/L加入。

（3）作业时间2.5h。

（4）作业完成后进行压滤，滤液进沉钴后液贮槽，滤渣进渣场，压滤时严格按《压滤机操作规程》进行操作。

5.5.6 β-萘酚除钴

（1）药剂的配制比例。β-萘酚为钴含量的9倍；β-萘酚：$NaNO_2$：NaOH=1：0.73：0.17。

（2）有机药剂的配制方法。根据分析除钴前液的钴含量来确定β-萘酚、$NaNO_2$、NaOH的用量，先把NaOH配制成5%浓度碱溶液，温度在60~70℃，碱溶解后加入β-萘酚，待全部溶解后再加入$NaNO_2$溶解后即可使用。

（3）往除钴槽内打入富镉液35~40m^3，分析溶液钴含量。根据溶液的钴含量确定药剂的使用量进行药剂的配置。把配制好的有机药剂缓慢加入溶液中，控制溶液温度在50~60℃，加药剂前溶液pH值为4.5~5.0，有机药剂加入后，用硫酸调酸度至pH值为3.0，搅拌30~40min。

（4）反应结束后，取除钴后液进行分析，控制后液含钴不大于10mg/L。若钴含量不合格则重新配药剂除钴；合格后，打开除钴槽底流阀放进中间槽由除钴压滤泵泵至压滤机进行压滤。

（5）滤液进入滤液贮槽，供浸出岗位使用，将冷凝水或生产水加入一次水洗槽 10m^{3}左右，滤渣进入一次水洗槽，根据水洗槽液面及液固比加生产水、冷凝水或二次水洗液，控制液固比在5∶1，调 pH=3，温度不够时，开蒸汽升温，搅拌 30min，然后边搅拌边开水洗压滤泵泵至一次水洗压滤机压滤。

（6）滤液进滤液贮槽，供浸出岗位使用，将冷凝水或生产水加入水洗槽 10m^{3}左右，滤渣进二次水洗槽，根据水洗槽液面及液固比加生产水或冷凝水控制液固比在（4~5）∶1，温度不够时，开蒸汽升温，搅拌 30min，然后边搅拌边开水洗压滤泵泵至二次水洗压滤机压滤，滤液进入钴渣一次水洗槽重复使用。

注意事项：

（1）除钴前液要清澈，避免带入浸出液的悬浮物，要经常清洗除钴槽和中间槽。

（2）除钴前液钴含量在 800mg/L 以上时，有机药剂应分两次配制，以提高除钴效果。

（3）药剂应在使用前制备，应避光，及时使用。

5.5.7 一次置换

（1）往置换槽内打入 40m^{3}左右的除钴后液，升温至 50~65℃，根据除钴后液镉的含量，按镉总量的 3/5 加入锌粉，调 pH=2~3。

（2）取溶液 1~10mL，一般取 5mL，于 25mL 比色管中，加 2.5%HCl 至刻度，加饱和 Na_2S 1 滴。若比色管中溶液呈黄色，说明溶液含镉高，再加些锌粉，按上述方法重新滴定，直至滴定后溶液颜色呈乳白色为止。

（3）反应结束后，停止搅拌，澄清半个小时左右，把上清液放入中间槽经泵泵至吸附槽，底流海绵镉放入镉筐，自然过滤后，送海绵镉浸出。

5.5.8 活性炭吸附

（1）把置换槽置换后的上清液放入中间槽，用泵泵入吸附槽，控制温度为 55~60℃，缓慢加入活性炭，边加边取样观察溶液颜色，活性炭加至溶液清澈无色为止，吸附合格后经吸附压滤机压滤，滤液经贫镉液贮槽送浸出，滤渣进入活性炭水洗槽进行水洗。

（2）水洗时根据水洗槽液面及液固比加生产水或冷凝水，控制液固比在 5∶1，温度不够时，开蒸汽升温，搅拌 30min，然后边搅拌边开水洗压滤泵泵至活性炭水洗压滤机压滤，滤液经贮槽送浸出岗位，滤渣（活性炭）装袋堆放。

5.5.9 海绵镉的浸出

在浸出槽中配制酸度约 50g/L、体积约 30m^{3}溶液，开搅拌并升温，加海绵镉至 pH 值为 5.0，控制温度为 70~80℃，浸出 3~4h 后，停止搅拌澄清，澄清至溶液无悬浮物后，上清液进行二次置换海绵镉，底流留在槽中，可继续进行海绵镉浸出，底流渣累计到一定量后放入中间槽运至混合渣浸出。

5.5.10 二次置换

经海绵镉浸出后的上清液由泵泵入二次置换槽后，送样分析溶液镉含量，用硫酸调溶液 pH=1.5~2.0，控制溶液温度为 55~60℃。根据溶液中镉的含量，按镉总量的 0.68~

0.7 加入锌粉，反应时间 30min。反应完后，停止搅拌澄清 20~30min，上清液可根据锌浓度的高低，返海绵镉浸出槽或浸出主系统，底流放出海绵镉经自然过滤后送压团岗位压团。

5.5.11　压团

（1）置换后的海绵镉自然过滤，滤干后海绵镉用清水冲（一是洗去海绵镉中的水溶锌，二是降温），然后立即在压团机上压团。压好的团如不能及时熔炼需放入水中浸泡，以防氧化。

（2）压团机的操作严格按照《厂家的使用说明书》进行操作。

5.5.12　粗炼

（1）先加部分烧碱于锅内，以能完全覆盖镉团为标准，待碱全部熔化后，开始加团，待加入团块熔化后，再加第二块，碱液不能覆盖熔化的镉液时，可补加烧碱。

（2）熔化时，不得弄碎团块，以减少熔炼时镉的损失。

（3）熔炼温度为 350~450℃，先按下限温度投料，逐渐提到上限。

（4）待镉团全部熔化后，根据锅内溶液体积进行铸锭，铸锭温度为 350℃±10℃。

5.6　故障处理

（1）浸出岗位压滤困难和浸出过程沉降不好则检查料比及使用情况是否违反规定、溶液浓度是否过高、温度和固液比是否合理等。可通过减少料量或改变料比、提高温度、增大液固比、加强岗位操作等手段进行处理。

（2）除钴岗位压滤困难可通过调整压滤前的溶液酸度（调 pH=1.5~2.5）或勤换滤布的方法处理，难压滤的溶液压滤完后必须洗净除钴槽，以免影响下一槽压滤。

（3）铜渣含锌高（>8%）处理办法：

1）加强浸出、酸洗岗位的操作，严格按照工艺操作规程操作，要保证充足的浸出时间，控制合适的酸度，尽量把渣浸透。

2）适当加大水洗液固比，以最大限度洗去渣中水溶锌。

（4）吸附后液钴含量高于除钴后液钴含量，应检查除钴压滤机滤布使用情况，避免压滤时透滤、跑浑，把渣带入除钴后液贮槽，造成钴的反溶。

习　题

5-1 净化渣浸出的目的是什么？其工艺条件如何控制？

5-2 酸洗的目的是什么？其工艺条件如何控制？

5-3 简述综合回收工艺流程。

5-4 综合回收过程加入活性炭能起什么作用？

6 硫酸锌溶液的电解沉积

硫酸锌溶液的电解沉积是湿法炼锌流程中四个重要工序中的最后一个。其目的主要是从硫酸锌溶液中提取纯度高的金属锌。电积的技术经济指标不仅反映出整个炼锌工艺的好坏，而且因直接消耗大量电能，在很大程度上影响电锌厂的生产成本。

电解沉积锌的过程一般可以分为三种方法：标准法、中酸中电流密度法、高酸高电流密度法。标准法采用300~400A/m^2的电流密度，电解液含酸100~130g/L；中酸中电流密度法采用400~600A/m^2的电流密度，电解液含酸130~160g/L；高酸高电流密度法采用600~1000A/m^2的电流密度，电解液含酸220~300g/L。

三种方法原理是一样的，只不过是所用的电流密度和电积液酸度有较大差别而已。增加电流密度，可提高电积槽的锌产量，但电积液必须除去更多的热量，纯度要求也更严格。

过去采用低酸低电流密度法的电锌厂较普遍，但此法限制了生产过程的强化。因此，现在的电锌厂多使用中酸中电流密度法，在操作良好的条件下，可以获得高于90%的电流效率。采用高酸高电流密度法的电锌厂（如美国克洛格电锌厂，采用960A/m^2、$H_2SO_4$260g/L的作业条件）必须在高锌含量下作业，以保证溶液中的锌酸比高于足以避免析出锌反溶的程度。返回的废液由于含酸高，更容易溶解焙砂中的铁酸锌。

6.1 电积过程及工艺

硫酸锌溶液的电解沉积锌的过程是：将已经净化好的硫酸锌溶液（新液）连续不断地从电解槽的进液端送入电解槽中，以铅银合金板（含银1%）做阳板，压延铝板做阴极，悬挂在槽内，当通直流电时，在阴极上析出金属锌（称阴极锌或析出锌）有少量氢气放出，在阳极上则放出氧气。注入槽内的新电解液含锌量逐渐减少，而硫酸含量逐渐增多。经过电积后电解液含锌45~55g/L，含硫酸150~180g/L，不断从电解槽的溢流口排出，该液称之为废电解液，简称废液，部分送往浸出工序作溶剂，大部分经冷却后与新液混合重新送入电解槽。当电积一定时间后（一般24h）把阴极板提出，用人工方法把析出锌剥离下来送往熔铸工序。剥去锌的阴极铝板再装入电解槽继续使用。其工艺如图6-1所示。

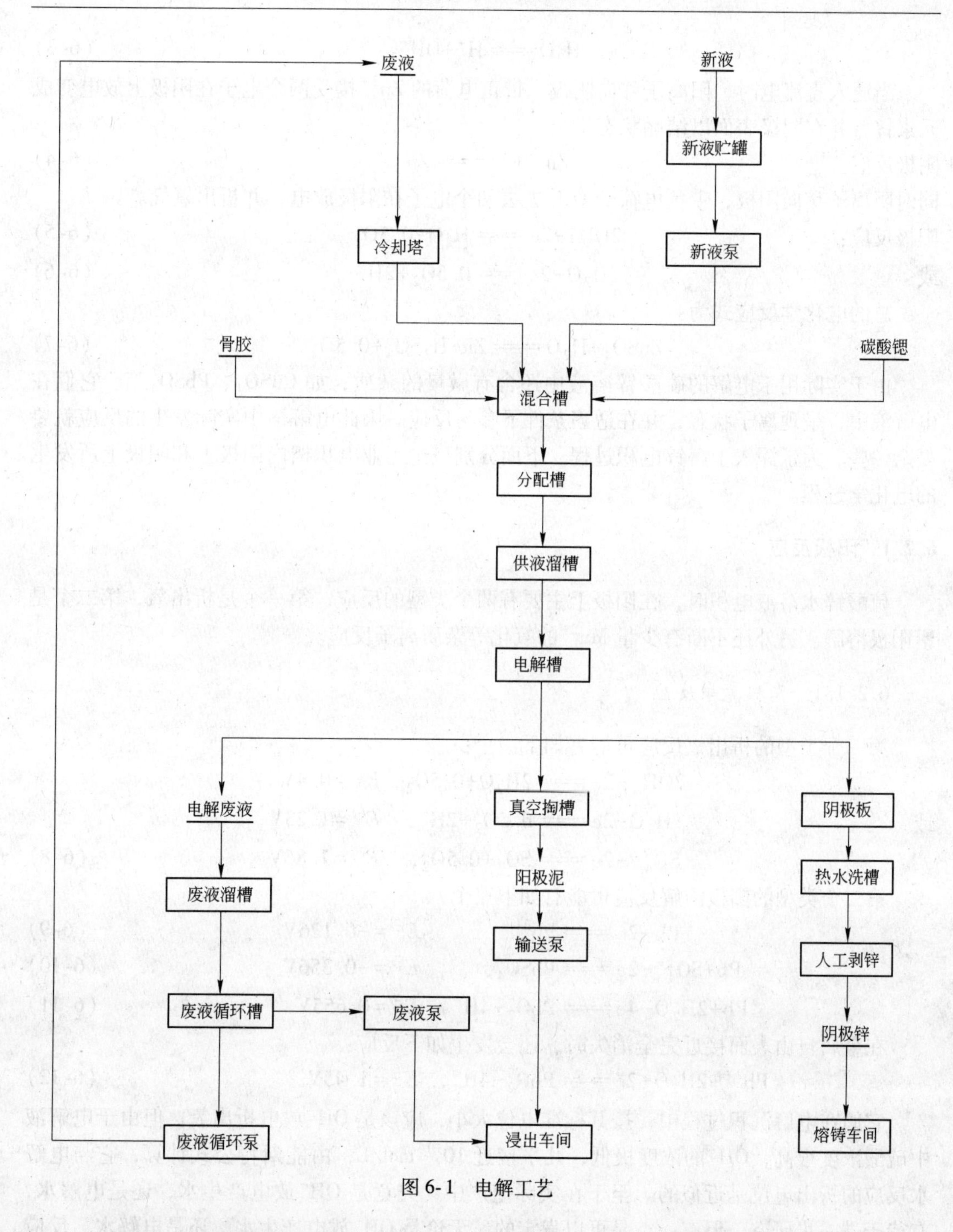

图 6-1 电解工艺

6.2 电解沉积锌的基本原理

为了便于分析问题，先不考虑电积液中的杂质，假定电积液中仅存在硫酸锌、硫酸和水。根据电离理论，它们会发生如下电离反应：

$$ZnSO_4 = Zn^{2+} + SO_4^{2-} \quad (6\text{-}1)$$

$$H_2SO_4 = 2H^+ + SO_4^{2-} \quad (6\text{-}2)$$

$$H_2O = H^+ + OH^- \tag{6-3}$$

当通入直流电时，阳离子移向阴极，带正电荷的 Zn^{2+} 接受两个电子在阴极上放电变成元素锌，并在阴极表面以结晶状态析出。

阴极反应：
$$Zn^{2+} + 2e = Zn \tag{6-4}$$

同时阴离子移向阳极，带负电荷的 OH^- 失去两个电子在阳极放电，并析出氧气。

阳极反应：
$$2OH^- - 2e = H_2O + 0.5O_2 \tag{6-5}$$

或
$$H_2O - 2e = 0.5O_2 + 2H^+ \tag{6-6}$$

总的电化学反应式为：

$$ZnSO_4 + H_2O = Zn + H_2SO_4 + 0.5O_2 \tag{6-7}$$

由于实际用于电解的硫酸锌溶液中还含有微量的杂质，如 $CuSO_4$、$PbSO_4$ 等。它们在电解液中，呈现离子状态，并在适当条件下参与反应。因此电解槽中实际发生的反应就要复杂一些。为了深入了解锌电积过程，下面分别讨论工业电积槽内阳极上和阴极上所发生的电化学过程。

6.2.1 阳极反应

硫酸锌水溶液电积时，在阳极上主要有两个类型的反应，第一个是析出氧，第二个是铅阳极溶解。另外还不断有少量 Mn^{2+} 的氧化等杂质离子反应。

6.2.1.1 阳极竞争反应

第一个类型的析出氧反应可能有如下三个：

$$2OH^- - 2e = 2H_2O + 0.5O_2, \quad E^{\ominus} = 0.4V$$

或
$$H_2O - 2e = 0.5O_2 + 2H^+, \quad E^{\ominus} = 1.23V$$

$$SO_4^{2-} - 2e = SO_3 + 0.5O_2, \quad E^{\ominus} = 1.86V \tag{6-8}$$

第二个类型的阳极溶解反应可能有如下三个：

$$Pb - 2e = Pb^{2+}, \quad E^{\ominus} = -0.126V \tag{6-9}$$

$$Pb + SO_4^{2-} - 2e = PbSO_4, \quad E^{\ominus} = -0.356V \tag{6-10}$$

$$Pb + 2H_2O - 4e = PbO_2 + 4H^+, \quad E^{\ominus} = 0.655V \tag{6-11}$$

在金属自由表面接近完全消失时，还会发生如下反应：

$$Pb^{2+} + 2H_2O - 2e = PbO_2 + 4H^+, \quad E^{\ominus} = 1.45V \tag{6-12}$$

它们在电解沉积过程中，按其标准电位大小，应该是 OH^- 放电析出氧。但由于电解液中硫酸浓度很高，OH^- 的浓度极低，几乎接近 10^{-14}mol/L，由能斯特公式计算，它与电解水反应的析出电位是近似的。至于在实际生产中，究竟是 OH^- 放电产生水，还是电解水，有待于进一步研究。但有一点是可以肯定的，无论是 OH^- 放电产生水，还是电解水，反应的结果都是在阳极上放出氧气。由于析出氧的结果，溶液中的 H^+ 的绝对数增加，从而与 $SO_4{}^{2-}$ 结合生成 H_2SO_4，这是生产过程所需要的。

6.2.1.2 氧在阳极析出的超电压

比较阳极溶解反应（6-12）与阳极正常反应（6-5）的平衡电位，似乎反应（6-5）

比反应（6-12）先开始进行，但实际上析氧反应发生在反应（6-12）基本完成之后。这是因为氧气析出时一般有较大的超电压。超电压的大小依据阳极材料、阳极表面形状及其他因素而定。在一些金属上氧的超电压见表6-1。

表6-1 25℃时在金属上氧的超电压

金属	Au	Pt	Cd	Ag	Pb	Cu	Fe	Co	Ni
超电压/V	0.52	0.44	0.42	0.40	0.30	0.25	0.23	0.13	0.12

由于超电压的存在，使得在阳极上首先发生的是铅的溶解而不是氧的析出。随着金属自由表面基本上被PbO_2覆盖，阻止了铅的溶解，电解过程就会随即转入正常的阳极反应。结果在阳极上放出氧气，而使电积液中的H^+浓度增加。生产中为了防止阳极溶解，生产中有时还预先在阳极上镀PbO_2膜。

工业锌电积的进行始终伴随着在阳极上析出氧气。氧的超电压越大，则电解析出氧所消耗的电越多，因此，应力求降低氧的超电压，以降低电耗。由于铅银阳极的阳极电位较低，形成的PbO_2较细且致密、导电性较好、耐腐蚀性较强，故在锌电积厂普遍采用。

6.2.1.3 杂质离子放电与阳极保护

阳极放出的氧，大部分逸出造成酸雾，剩余的小部分有的与阳极表面的铅作用，形成PbO_2阳极膜，有的与电解液中的Mn^{2+}起化学变化，生成MnO_2。这些MnO_2一部分沉于槽底形成阳极泥，另一部分黏附在阳极表面上，形成MnO_2薄膜，并加强PbO_2膜的强度，阻止铅的溶解。

在锌电积时，阳极还会发生许多其他反应，如：

$$Mn^{2+}+2H_2O-2e = MnO_2+4H^+,\ E^{\ominus}=1.25V \tag{6-13}$$

$$Mn^{2+}+4H_2O-5e = MnO_4^-+8H^+,\ E^{\ominus}=1.50V \tag{6-14}$$

$$MnO_2+2H_2O-3e = MnO_4+4H^+,\ E^{\ominus}=1.71V \tag{6-15}$$

$$Cl^-+4H_2O-8e = ClO_4^-+8H^+,\ E^{\ominus}=1.39V \tag{6-16}$$

$$2Cl^--2e = Cl_2\uparrow,\ E^{\ominus}=1.36V \tag{6-17}$$

铅阳极反应关系着阳极寿命及阴极锌质量。电积液中的氟、氯是极其有害的。它不仅使铅阳极腐蚀加剧，造成电积作业剥锌困难及铅阳极单耗增加，而且还导致阴极锌含铅升高，电积槽上空含氟、氯升高，操作条件恶化，严重影响工人的身体健康。所以在工业生产中一般要求电积液中含氟、氯尽可能低。

此外，由于铅及其氧化产物具有不同的体积密度（cm^3/g），如铅为0.09，PbO_2为0.11，$PbSO_4$为0.16，因此铅阳极表面的PbO_2层可能存在孔隙，甚至部分脱落。在正常生产条件下，形成$PbSO_4$的反应（6-10）仍有少量进行。虽然PbO_2不溶于水，但$PbSO_4$在电积液中仍有一定的溶解量。在工业电积液中，Pb^{2+}含量最高可达5~10mg/L，这样会使阳极寿命缩短，并使析出锌质量降低。

在工业生产中，可通过控制电积液中Mn^{2+}浓度来降低析出锌含铅量和减缓铅阳极的化学腐蚀。这是因为Mn^{2+}在阳极上被氧化生成MnO_2黏附在阳极表面形成保护膜，阻碍了铅的溶解。因此，在锌电积过程中，应该始终维持反应（6-13）的进行。但是，MnO_2在阳极过多地析出，一方面会增加浸出工序的负担，另一方面会引起电积液中 Mn^{2+} 贫化而直接影响析出锌质量。

6.2.2 阴极过程

6.2.2.1 阴极反应

在工业生产条件下，锌电积液中含有 Zn^{2+} 50~60g/L 和 H_2SO_4 120~180g/L。如果不考虑电积液中的杂质，则通电时，在阴极上仅可能发生两个过程：

（1）锌离子放电，在阴极上析出金属锌。

$$Zn^{2+}+2e = Zn, \quad E^{\ominus} = -0.763V \tag{6-18}$$

（2）氢离子放电，在阴极上放出氢气。

$$2H^{+}+2e = H_2, \quad E^{\ominus} = 0.000V \tag{6-19}$$

在这两个放电反应中，究竟哪一种离子优先放电，对于湿法炼锌而言是至关重要的。从各种金属的电位序（见表 6-1）来看，氢具有比锌更大的正电性，氢将从溶液中优先析出，而不析出金属锌。但在工业生产中能从强酸性硫酸锌溶液中电积锌，这是因为实际电积过程中，存在由于极化所产生的超电压。金属的超电压一般较小，约为 0.03V，而氢离子的超电压则随电积条件的不同而变。塔费尔通过实验和推导总结出了超电压与电流密度的关系式，即著名的塔费尔公式：

$$\eta_H = a + b\lg D_k$$

$$b = 2\times\frac{2.303RT}{F}$$

式中 η_H——氢的超电压；

a——常数，即电极上通过单位电流密度时的超电压值，随阴极材料、表面状态、溶液组成和温度而变；

b——只随电解液温度而变；

R——常数，为 8.314J/(K · mol)；

T——温度；

F——法拉第常数，为 96485J/(mol · V)；

D_k——阴极电流密度。

因此，电积时可创造一定条件，由于极化作用氢离子的放电电位会大大地改变，使得氢离子在阴极上的析出电位值比锌更负而不是更正，因而使锌离子在阴极上优先放电析出。这就是锌电积技术赖以成功的理论依据。

6.2.2.2 影响氢在阴极析出的超电压的因素

从以上分析可见，氢的超电压在锌电积实际生产中具有重要意义。根据塔费尔公式，影响氢在阴极析出的超电压的主要因素有阴极材料、电流密度、温度、阴极表面状态、电解液组成和添加剂等。

（1）阴极材料的影响。由塔费尔公式可见，a 值改变，氢的超电压就改变，即氢的超电压随阴极材料而定。表 6-2 列出了在不同金属阴极上析出氢的超电压值。

表 6-2　25℃时氢在不同金属上析出的超电压

电流密度 /A·m⁻²	金属名称											
	Al	Zn	Pt	Au	Ag	Cu	Bi	Sn	Pb	Ni	Cd	Fe
100	0.826	0.746	0.068	0.390	0.762	0.584	1.05	1.075	1.090	0.747	1.34	0.557
500	0.968	0.926	0.186	0.507	0.830	—	1.15	1.185	1.168	0.890	1.211	0.700
1000	1.066	1.064	0.288	0.588	0.875	0.801	1.14	1.223	1.179	1.048	1.216	0.818
2000	1.176	1.168	0.355	0.688	0.940	0.988	1.21	1.238	1.235	1.208	1.246	1.256
5000	1.237	1.201	0.573	0.770	1.030	1.186	1.20	1.234	1.217	1.130	1.228	0.895

（2）电流密度的影响。氢的超电压 η_H 与电流密度 D_k 之间存在着直线关系，即氢的超电压随着电流密度的提高而增大。这一点从表 6-2 中也可看出。

（3）温度的影响。温度升高，使氢的超电压降低，容易在阴极上放电析出。值得注意的是，从 $b=2\times2.303RT/F$ 得知，当温度升高时，b 值应该是升高的，氢的超电压 η_H 也应该升高。这与实际刚好相反，其原因是当温度升高时，a 值是下降的，并且 a 值的影响占主导地位，所以导致氢的超电压随着温度升高而下降（见表 6-3）。

表 6-3　超电压随温度的变化

电流密度 /A·m⁻²	温度/℃			
	20	40	60	80
300	1.140	1.075	1.050	1.040
500	1.164	1.105	1.075	1.070
1000	1.195	1.145	1.105	1.095

（4）阴极表面状态的影响。阴极表面状态对氢的超电压是间接影响。阴极表面越不平整，则其真实的表面积越大，这就意味着真实的电流密度越小，进而使氢的超电压越小。

（5）电解液组成的影响。电解液的组成或浓度不同，氢的超电压有所不同。随着溶液中锌含量的增加，氢的超电压下降。不同的杂质和同一杂质的不同浓度对氢的超电压的影响也是不同的，这是因为溶液中这些杂质在阴极析出后局部地改变了阴极材料的性质，而使得局部阴极上氢的超电压有所改变。当溶液中的铜、锑、铁、钴等杂质的含量超过允许含量后，它们将在阴极上析出，大大降低氢的超电压。表 6-4 为某厂电解新液成分的实例。

表 6-4　某厂电解新液成分

元　素	含　量	元　素	含　量
Zn	140~165g/L	Co	≤2.0 mg/L
Cd	≤ 2.0mg/L	Ni	<1.0 mg/L
Cu	≤0.30mg/L	Ca	约 1 g/L
Fe	<10mg/L	Mg	5~15 g/L
Mn	3.5~6g/L	Na, K	17~20 g/L
As	<0.05mg/L	Cl	<450 mg/L
Sb	<0.10mg/L	F	<50 mg/L

（6）添加剂的影响。由于添加剂可以改变阴极表面状态，因而也可以改变氢的超电压。如电解液中加胶，可以改善阴极的表面结晶，提高真实电流密度，从而增加氢的超电压。但胶量应根据具体情况而定，过量反而降低氢的超电压。

通过以上分析得知，虽然锌的电极电位较氢的电极电位为负，但在生产实践中，由于氢的超电压很大，金属锌的超电压又很小，使得氢的实际析出电位比锌更负，从而保证了锌的电解析出，而氢不析出。氢的超电压的大小直接影响到锌电积过程的电流效率，提高氢的超电压，就能相应地提高电流效率。但是，由于氢的标准电极电位比锌要正得多，加上在实际电积过程中影响氢的超电压的因素很多，因此在工业生产条件下总不可避免地有氢气析出。氢气的析出（工业生产中也称为"烧板"）是工业锌电积中常常遇到的技术难题，严重时甚至不析出锌片。所以锌电积技术的成功运用在很大程度上有赖于设法保持高的氢的超电压，使析氢反应尽可能少发生，以便析锌反应仍具有足够高的电流效率。

6.2.2.3 杂质在电解沉积过程中的行为

在生产实践中，常常由于电解液含有某些杂质而严重影响析出锌的结晶状态电极过程的电流效率和电锌的质量。杂质金属离子在阴极放电析出是影响锌电积过程的主要因素。

杂质金属离子能否在阴极上析出，取决于其平衡电位的大小、锌离子浓度和杂质离子浓度，因此，在生产中必须控制电解液中杂质含量在一定范围内。

A 比锌正电性的杂质的影响

电解液中常见的电位比锌更正的杂质有铁、镍、钴、铜、铅、镉、砷、锑等。

（1）铁。存在于硫酸锌溶液的亚铁离子在阳极被氧化：

$$Fe^{2+} - e = Fe^{3+}$$

使锌反溶，即：

$$Zn + Fe^{3+} = Zn^{2+} + Fe^{2+}$$

三价铁离子在阴极发生还原反应：

$$Fe^{3+} + e = Fe^{2+}$$

这样还原、氧化反复进行，阴板析出锌的产量下降，无效消耗电能，致使电能消耗增加。当含铁量达 100mg/L 以上时，析出锌的质量将有所降低。生产中要求电解液中含铁量小于 20mg/L。

（2）钴。电解液中的钴离子对电积锌过程危害很大，能使析出的锌强烈地反溶（工厂称之为烧板）。钴引起的烧板特征是靠阴极铝板的锌片面（背面）被腐蚀成独立小圆孔，严重时可烧穿成洞，由背面往表面烧，表面灰暗，背面有光泽，未烧穿处有黑边。电解液中的钴对电流效率有显著影响，当有锑共同存在时危害更大。

降低电解液酸度，适当加入胶量，对抑制钴的危害作用是有益的。但最根本的措施是提高净化深度。当溶解液中锑、锗和其他杂质含量较低时，适量的钴存在对降低析出锌含铅有利。在生产实践中，要求电解液含钴小于 2mg/L。

（3）镍。镍在电积过程中的行为与钴相似，只是镍腐蚀锌板是葫芦瓢形孔洞，烧板是由表面往背面烧，当有锑、钴时危害更大。除适当添加剂（β-萘酚）外，努力降低溶液中锑和钴的含量可减轻镍的危害。一般要求电解液含镍小于 1mg/L。

（4）铜。电解液中的铜在电积过程中与锌一道在阴极析出，影响锌的化学成分。严重时也会造成烧板，使锌反溶。与镍引起的烧板相同，也是由表面往背面烧。只是铜烧板是圆形透孔，孔的周边不规则。因此，电解液中铜的存在既影响锌的化学成分，又显著降低电流效率，特别是有钴、锑存在时危害更大。在电解操作中要高度注意，防止铜导电头上的硫酸铜结晶物掉入槽内。一般要求电解液含铜小于0.5mg/L。

（5）镉。电解液中镉离子的危害主要是它会在阴极析出，影响锌的化学成分。它不像铜、钴、镍等会引起烧板，所以对电流效率影响不大。生产中一般要求电解液含镉小于0.5mg/L。

（6）铅。铅在硫酸溶液中溶解度很小。所以铅在电解液中含量甚微。它与镉的行为相似，在阴极上与锌一同放电析出，降低析出锌的化学成分。降低电解液温度、添加碳酸锶可降低析出锌含铅量。

（7）砷、锑。砷的危害性较锑小。它们的行为很相似，都能在阴极上放电析出，并产生烧板现象，对电流效率有很大影响。锑引起烧板的特征是表面呈条沟状。砷烧板的特征是阴极表面呈粒状。砷、锑引起的烧板现象在工厂中时有发生。为清除这种现象，要求加强浸出过程水解除砷、锑的操作，严格控制新液中砷、锑含量不得超过0.1mg/L。降低电解液温度，适当加入胶量，可以减轻砷、锑的危害，改善锌的析出状况。

（8）锗。锗是有害的杂质，它使电流效率急剧下降。原因是锗在阴极析出，并造成阴极锌强烈反溶（烧板）。由于锗离子在阴极析出后与氢离子生成氢化锗，氢化锗又与氢离子作用生成锗离子，因而造成电能无益的消耗与锗的氧化还原反应。其反应过程可用下列反应式表示：

$$Ge^{4+}+4e = Ge$$

$$Ge+4H = GeH_4$$

$$GeH_4+4H^+ = Ge^{4+}+4H_2$$

锗引起烧板的特征是由背面往表面烧，并形成黑色圆环。严重时形成大面积针状小孔。因此，电解液中锗的含量不宜超过0.05mg/L。

B　比锌负电性的杂质的影响

电解液中常见的电位比锌更负的杂质有钾、钠、钙、镁、铝、锰等。由于这些杂质比锌更负电性，在电积时不在阴极析出。因此，对析出锌化学成分影响不大。但这类杂质富集后会逐渐形成硫酸钙和硫酸锌的共结晶，造成输送管道堵塞。锰离子的存在，除上述不良影响外，Mn^{7+}会使砷、锑危害更严重。但锰也起着有益的作用。如二氧化锰对铅阳极起保护作用，可吸附砷、锑、钴，减少它们的危害性。故现代电锌生产都要求电解液含有一定量的锰离子，一般是3～5g/L，也有一些工厂控制锰含量在12～14g/L，个别的高达17g/L。

C　阴离子的影响

锌电解液中常遇到的阴离子杂质有氟离子（F^-）和氯离子（Cl^-）。

（1）氟离子。电解液中的氟离子能腐蚀阴极铝板表面的氧化膜，使剥锌操作困难，造成阴极铝板的消耗增加。在生产实践中，如遇剥锌困难时，可向电解液中加入适量的酒石酸锑钾（吐酒石），但严防过量，否则会发生烧板现象。生产要求电解液中含氟不超过50mg/L。

（2）氯离子。电解液中的氯离子主要对铅阳极有腐蚀破坏作用，缩短阳极寿命，造成析出锌含铅升高，降低析出锌的化学纯度。因此，在生产中要求电解液含氯不超过200mg/L。

综上所述，各种杂质在电解过程中的行为是很复杂的，对电流效率、电能消耗以及析出锌的质量有很大影响。因此，工厂都特别重视提高电解液的质量，研究深度净化的工艺和操作条件，以改善电积锌过程的各项技术经济指标。

6.3　电解沉积锌的主要设备

6.3.1　电解槽

电积锌生产用的电解槽是一种长方形的槽子，如图 6-2 所示。一般长 1.5~4.5m，宽 0.7~1.2m，深 1~2.5m。阴、阳极板交错装在电解槽内，出液端有溢流堰和溢流口。各电积锌厂使用的电解槽的大小、数目及制作材料不尽相同。电解槽的数目及大小是依据选用的电解参数及生产规模确定的。近年来由于采用大阴极板和机械化剥锌，电解槽的尺寸也随之增大。电解槽的长度由选定的面积电流、阴极板数量及极间距离而确定；宽度与深度由阴极板面积而确定。同时，为了保证电解液的正常循环，阴极边缘到槽壁的距离一般为60~100mm，槽深按阴极下缘距槽底 400~500mm 考虑，以便阳极泥沉于槽底。槽底为平底形和漏斗形。

图 6-2　电解槽

电解槽按制作材料分类主要有钢筋混凝土电解槽、塑料电解槽、玻璃钢电解槽等。在我国，大部分电积锌生产工厂采用钢筋混凝土电解槽，外用沥青油毛毡防护，内衬铅皮、软塑料、环氧玻璃钢等。内衬软塑料的钢筋混凝土电解槽有不变形、不漏电及使用寿命长等优点；但易被电解液腐蚀，因此要求严格的防腐措施。一些工厂使用不需内衬的辉绿岩质的电解槽，这种电解槽不需任何内衬，外壁也不需防腐，造价较前者低。

近年来，还有些工厂使用了全玻璃钢电解槽及钢骨架聚氯乙烯板结构的电解槽，钢骨架聚氯乙烯板结构的电解槽维修极为方便。电解槽放置在进行了防腐处理的钢筋混凝土梁上，槽子与梁之间垫以绝缘瓷砖。槽子之间留有15~20mm的绝缘缝。槽壁与楼板之间留有80~100mm的绝缘缝。电解槽一般采用水平式配置，每个电解槽单独供液，通过供液溜槽至各电解槽形成独立的循环系统。某些工厂电解槽的尺寸列于表6-5中。

表6-5 电锌厂电解槽尺寸实例 mm

工 厂	1	2	3	4	5	6	7
长	4100	2940	1950	2250	2900	1800	3000
宽	950	800	850	850	870	650	850
高	1700	1500	1450	1450	1500	1100	1500

6.3.2 阳极

锌电积的阳极是不溶阳极，要求具有良好的导电性；在电积过程中能够防止氧和硫酸的侵蚀，不应含有能溶于电解液的杂质；应具有一定的机械强度，在电积过程中不致弯曲与扭歪。

目前电积锌使用的阳极有铅银合金阳极、铅银钙合金阳极和铅银钙锶阳极等。我国大部分工厂采用铅银合金（含银0.5%~1%）阳极，其制造工艺简单，但由于含银较高而造价较高。阳极有铸造阳极和压延阳极。近年来Pb-Ag-Ca（Ag 0.25%、Ca 0.05%）三元合金阳极和Pb-Ag-Ca-Sr（Ag 0.25%、Ca 0.059%~1%、Sr 0.05%~0.25%）四元合金阳极被越来越多的电积锌生产厂家所重视。这两种阳极具有强度高、耐腐蚀、使用寿命长（6~8年）、造价低、使用时表面形成的PbO_2及MnO_2较致密使析出锌含铅低、降低阳极电势从而降低电能消耗等优点，但其制造工艺较复杂。

阳极由极板、导电棒、导电头和绝缘条组成。铅银合金板有压延和铸造两种。压延板强度大，寿命长；铸造板制造方便，重量轻，但寿命较短。板面可做成平板式或格网式两种。格网阳极与同样尺寸的平板阳极相比，表面积要大，因此在同样大的电流下，格网阳极的电流密度较小，有利于降低氧在阳极上的超电压。此外，格网阳极重量轻，但强度较差，易弯曲，且不易清理阳极泥。

阳极板的尺寸应比阴极小些，沉没于电解液中的各边比阴极小20mm为宜，一般尺寸为高980mm、宽620mm、厚6mm。导电棒为断面(12~14)mm×(40~46)mm的紫铜板。为使阳极板与棒接触良好，将铜棒酸洗包锡后铸入铅银合金中，再与极板焊接在一起。这样还可以避免硫酸侵蚀铜棒形成硫酸铜进入电解槽而污染电解液。铸造阳极可将极板与导电棒同时浇铸；压延阳极先铸好棒后再焊接。导电棒端头紫铜露出的部分称为导电头，与阴极或导电板搭接。阳极板的两个侧边装有聚乙烯绝缘条或嵌在导向装置的绝缘条内，可加强极板强度，防止极板弯曲发生接触短路。阳极结构示意图见图6-3。

阳极尺寸由阴极确定，长与宽约小于阴极20cm。一个电解槽所装阳极数比阴极多一片或相等。

阳极平均寿命为38个月，每吨电锌耗铅为0.7~2kg（含其他铅料）。工作面积为1.24m^2的阳极工作一个月后约损失5.8kg铅。

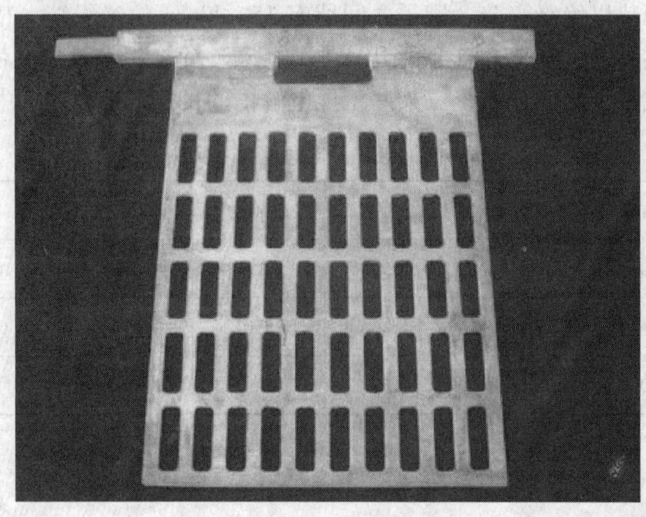

图 6-3　阳极板

6.3.3　阴极

阴极由极板、导电棒、导电片、提环和绝缘条组成，如图 6-4 所示。极板为纯铝板材。阴极一般长 1020mm、宽 600~900mm、厚 3~5mm。导电棒由铝浇铸而成，浇铸时在特制的模子里与极板浇铸相结合。阴极表面要求光滑平整，否则会引起锌的沉积粗糙与结晶不匀。为减少阴极边缘形成树枝状结晶，阴极要比阳极稍大。导电棒与导电头用螺钉连接，也可用铆接或焊接。焊接导电头的接触电阻比用螺钉连接要低。导电头一般用厚 5~6mm 的紫铜板做成。为了防止阴阳极短路及析出锌包住阴极周边，造成剥锌困难，阴极板的两边缘各装有聚氯乙烯或聚丙烯塑料条。在软化温度下与极板粘接，粘接质量好，寿命可达 3~4 个月。如有塑料条脱落，可返回再粘压一次。

图 6-4　阴极板

为了适应机械化剥锌的需要，现在有些工厂在电解槽两侧固定有聚氯乙烯绝缘导向装置，而阴极两边缘不需另外包塑料条。

阴极尺寸依生产规模而变化，生产规模较大的工厂，多采用较大的阴极。一片阴极浸在电解液里面积平均为1.75m^2，而多数工厂采用1.0~1.5m^2的阴极。目前所建新厂均趋于采用大阴极。各工厂采用的具体阴极尺寸列于表6-6中。

一个槽内所装阴极数取决于生产规模及面积电流。大型电解槽所装阴极数已超过100片。

表6-6 一些厂使用阴极规格

尺 寸	株洲冶炼厂	彦岛厂	神冈厂	诺丁汉厂	Trail厂	Balen厂	Vesme厂
长/m	1.0	1.12	1.06	1.122	1.520	1.745	—
宽/m	0.666	0.8	0.71	0.6	0.89	1.00	—
面积/m^2	1.15	1.7	1.3	1.25	2.3	3.2	3.4
厚/m	—	7	6		—	7	—
阴极寿命/月	—	—	19		13	48	—

随着炼锌产业的发展，一些工厂采用浸没面积为2.5m^2以上的所谓"Jumbo"大阴极。后逐渐发展为浸没面积为3.2m^2名为"Superjumbo"的超大型阴极。再后来进一步改进设计成为Superjumbo Comptact Module（S.C.M.）大阴极（3.22m^2），为法国Auby炼锌厂采用。三种大阴极电解锌（按10×10^4t/a计）的特性列于表6-7中。

表6-7 大阴极特性

项 目	Jumbo大型阴极槽	Superjumbo超大型阴极槽	S.C.M.超大型阴极槽
每槽装阴极数/片	45	100	124
每个阴极浸没总面积/m^2	2.6	3.2	3.22
每槽阴极浸没面积/m^2	114	320	400
电解槽数/个	204	720	58
阴极总数/片	9180	7200	7192
单槽日产电解锌量/t	1.37	3.84	4.79
需要厂房面积/$m^2\cdot(kt\cdot a)^{-1}$	49	29.7	23
需要厂房容积/$m^3\cdot(kt\cdot a)^{-1}$	600	400	255
投资比/%	100	76	60
劳力/人·h·t^{-1} （直接生产+维修）	1.4 （1+0.4）	0.8 （0.6+0.2）	0.6 （0.5+0.1）
行车台数/台	8	4	2
剥锌机台数/台	2×2	1×2	1×2

6.3.4 电解液的冷却设备

电解沉积锌时应控制电解液温度在35~45℃之间，不应超过45~50℃。为此，在电解液进入电解槽之前如果超过这个温度，需要进行冷却。冷却的方法有三种：蛇形管槽内冷却、真空蒸发冷冻机冷却和空气冷却塔冷却。这三种冷却方式的特点见表6-8。

表 6-8　三种方式的特点

冷却方式	优　点	缺　点
槽内冷却	设备简单，容易上马，动力消耗少	间接热交换的水消耗大；受地区条件限制；电积槽利用系数小；耗用较多有色金属
真空蒸发冷却	不受地区气候条件限制，能保证电积液达到较低温度，电积槽利用系数大；由于蒸发水分，可增加洗渣水量，降低渣中水溶锌，从而提高锌的直收率	设备制造较复杂，投资大，蒸汽和水消耗量大，能耗高，经营费用高，需经常清理结晶
空气冷却塔冷却	设备制造比较简单，不消耗水和蒸汽，电积槽利用系数大，经营费用低，可蒸发部分水分，操作维修方便	电积液的循环量较大

蛇形管槽内冷却，比较简单，只在电解槽进液端安置蛇形管，通以冷却水即可。但此法受到当地气温限制，冷却效率低，占去电解槽有效体积，因而已被淘汰。

真空蒸发冷却法是在冷却机内进行。利用高压蒸气从喷嘴以 1200m/s 速度喷出，使蒸发器内成为负压，通过其中的电解液便开始沸腾，水分吸收热量而蒸发，温度迅速下降。此法可蒸发电解液中的水分，为充分洗涤浸出渣提供了条件。此法冷却速度快，冷却效率也较高，但投资很大，运行费用也高，虽曾经被大量采用，但目前继续使用的并不多。

空气冷却塔必须根据冷却要求和地区气候条件进行设计选择。空气冷却塔按通风方式，可分为自然通风和机械通风（强制通风）两种；按被冷却电积液与空气流动方向，可分为逆流式和横流式两种；按被冷却液喷洒成的冷却表面形式，可分为点滴式、点滴薄式、薄膜式和溅水式四种；按外围结构方式，可分为敞开式和密闭式两种；在机械通风中，又分为抽风和鼓风两种。表 6-9 为我国设计的鼓风式玻璃钢冷却塔系列中空气冷却塔特性。

表 6-9　鼓风式玻璃钢冷却塔系列

项　目		WB-L50	WB-L40	WB-L30	WB-L24	WB-L12.5
塔体尺寸 $B\times L\times H$ /mm×mm×mm		5015×10800 ×10025	5015×10800 ×10025	5015×10800 ×10025	5015×10800 ×10025	5015×10800 ×10025
冷却介质		锌电解液	锌电解液	锌电解液	锌电解液	锌电解液
冷却液量/$m^3\cdot h^{-1}$		250~300	250~300	250~300	250	68
冷却温度/℃	进液	40~41	41	40~41	41	50
	出液	35~36	35	35~36	35	45
鼓风机	风量/$m^3\cdot h^{-1}$	25×10^4	25×10^4	$(18\sim20)\times10^4$	$(18\sim20)\times10^4$	47500
	风压/Pa	250	250	196~245	196~245	370
	电动机型号	$Y200L_2$-6	$Y200L_2$-6	$Y200L_1$-6	$Y200L_1$-6	$JDO_2F618/6$
	功率/kW	22	22	18.5	18.5	4.5/8.5

如溶液含酸具有腐蚀性、含悬浮物、有钙盐和镁盐结晶物析出、冷却幅宽不大、冷却后溶液温度要求比较严格和溶液损失要小等，应采用具有较好捕滴装置的强制鼓风逆流喷水式的空气冷却塔。目前国内各电锌厂采用的冷却塔大都属于此类型。它的工作原理是：电积液从上至下通过空气冷却塔，而在该塔的下部强制鼓风，使空气在与溶液逆流运行的过程中，带走大量蒸发的水分，达到降低电积液温度的目的。

冷却塔可分为圆形、方形或长方形断面，一般能力较大的冷却塔宜采用长方形。如比利时一电锌厂的冷却塔为长方形，长 8m、宽 4m、高 8m，最大送风量（标态）为 $220000m^3/h$，每小时喷洒溶液 $150\sim200m^3$，水分蒸发量为加入的新电积液量的 9%~14%，循环的溶液量为加入新液量的 10~15 倍。

为减少电积液的损失和排出空气夹带酸雾量，应设有较好捕滴装置。捕滴装置由波形捕滴器和冷液过滤丝网组成，丝网厚度 100mm。捕滴层愈厚，捕滴效果愈好，但增加了风机的阻力。

空气冷却塔是借助于增湿鼓入塔内空气来蒸发电积液中的水分和利用鼓入的冷空气与热电积液两者温度差的热传导，来降低被冷却的溶液温度。因此，进塔空气温度和相对湿度越低，冷却能力则越大。在工业上，常称被冷溶液出塔温度与进塔湿空气温度差为冷却幅高；被冷液进塔与出塔温度差为冷却幅宽。冷却幅高越大，冷却幅宽越小，其冷却能力越大。实践中，冷却幅宽一般为 5~10℃。

空气冷却塔安装在室外，应尽可能高出附近建筑物的房顶标高，以免捕滴装置损坏时排出的湿空气可能夹带酸雾影响其他作业区域。冷却后的电积液由集液槽经溜槽分流到电积槽中。

空气冷却塔的塔板材质一般为玻璃钢，其结构如图 6-5 所示。

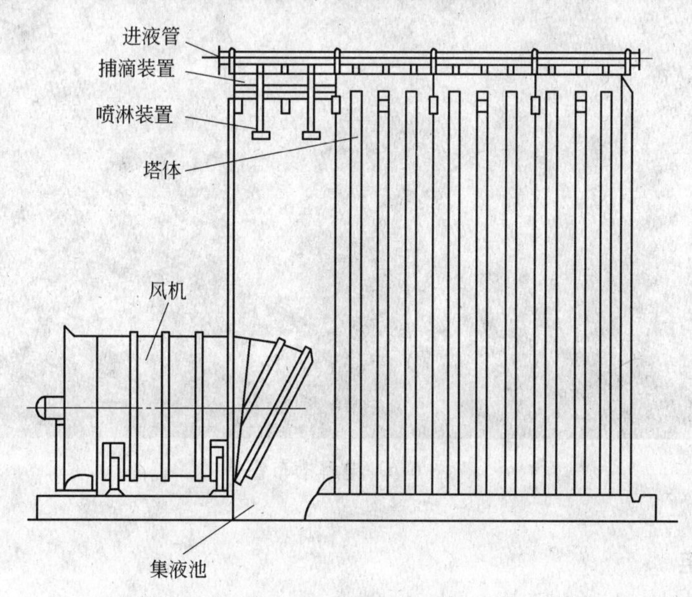

图 6-5 空气冷却塔

由于蒸发带走了电解液中的部分水分，这就允许在洗涤锌渣时多加水，从而提高锌的回收率。

空气冷却塔存在的缺点是动力消耗大，受地区条件限制，同时还受地区、季节和空气湿度的限制。其优点在于便于维护，操作较简单。

6.3.5 电解槽布置及电路连接

电解车间的供电设备主要是整流器，一般有硅整流器和水银整流器两种。硅整流器由于具有整流效率高、无汞毒、操作维护方便等优点而被多数厂采用。选择整流器时应满足总电压和电流强度的要求。

锌电解车间的电解槽，少则数十个，多则数百个。工厂中往往是数十个槽组成一列，若干列组成一个供电系统。电解槽按行列组合配置在一个水平上，构成供电回路，一般按双列配置，可为2~8列，最简单的配置是由两列组成一个供电系统。图6-6为两列组成一个供电系统的配置。每列电解槽内交错装有阴、阳极，依靠阳极导电头与相邻一槽的阴极导电头采用夹接法（或采用搭接法通过槽间导电板）来实现导电。列与列之间设置导电板，将前一列的最末槽与后一列的首槽相接。导电板的断面按允许面积电流1.0~1.2A/mm^2计算。因此，在一个供电系统中，列与列和槽与槽之间是串联的，每个槽的阴、阳极分别是并联的。一般连接列与列和槽与槽的导电板为铜板，电解车间与供电所之间的导电板用铝板或铜板。

图6-6　电解槽布置

6.3.6　剥锌机组

锌电积车间的正常操作主要是出装槽和剥锌。目前国内只有大型电锌厂实现了机械化出装槽，但剥锌都是人工操作，劳动强度大。一个年产10×10^4t锌的锌电积车间，平均日产274t。当电流密度为600A/m^2，每片阴极沉积面积为0.9m^2时，每天要剥两万张阴极。

随着技术的进步，采用大阴极进行电积锌生产被愈来愈多的生产厂家所青睐，这就需要有相适应的吊车运输系统及机械剥锌自动化系统。剥锌机的出现就很好地适应了这一要求。

目前，已有四种不同类型的剥锌机用于生产，其工作原理分别简述如下：

（1）马格拉港铰接刀片式剥锌机：将阴极侧边小塑料条拉开，横刀起皮，竖刀剥锌。

（2）比利时巴伦两刀式剥锌机：剥锌刀将阴极片铲开，随后刀片夹紧，将阴极向上抽出。

（3）日本三片式剥锌机：先用锤敲松阴极锌片，随后可移式剥锌刀垂直下刀进行剥离。

（4）日本东邦式剥锌机：使用这种装置时，阴极的侧边塑料条是固定在电解槽里的，阴极抽出后，剥锌刀即可插入阴极侧面露出的棱边，随着两刀下移完成剥锌过程。每片阴极锌剥离时间为6~18s，且剥锌与研磨极板在同一机内完成。研磨刷板是清刷阴极铝板表面的污物，并使铝板表面重新形成一层致密氧化铝层的过程，以利于锌沉积及剥离。

其中比利时巴伦电锌厂的自动机械剥锌装置，投资和生产费用较低，效果良好。出装阴极的吊车为框架结构，逐行逐槽地将需要剥锌的阴极从槽内提出来，装在极片运输车上送去剥锌，运回空白阴极装入槽内。同时采用计算机控制吊车出装槽、控制机械剥锌和码堆。生产实践证明，采用机械剥锌对节约基建投资、提高劳动生产率效果非常明显。已实现机械剥锌和计算机控制的锌电积车间的共同特点是：采用较低的电流密度（300~400A/m^2），延长剥锌周期为48h，增大有效阴极面积。这些工厂只有0.5%~1%的阴极需要人工剥锌，大大节约了劳动力。某厂人工剥锌现场如图6-7所示。

图6-7 剥锌现场

图6-8是一种锌片铲剥机构的示意图。开始剥离时，两把铲刀同时向前伸出一段距离，压滚气缸动作，使铲刀紧贴阴极板。此时另一侧的V形挡板使阴极板保持在规定位置上。铲刀从锌片的左上角插入锌片与阴极板之间，阴极板提升气缸将阴极板向上提升一小段距离以便铲开一个缺口，然后铲刀顺势从一侧向另一侧水平进刀，使锌片的上方全宽上开缝，继之铲刀位置保持不变，利用提升气缸将阴极板继续上提，以使锌片从阴极板上完全剥离下来。

图 6-8　剥锌机

6.4　锌电解生产的主要技术条件和指标分析

6.4.1　电锌质量

电锌质量主要是指析出锌的化学成分。在生产实践中，为了降低析出锌杂质含量、提高电锌等级，除加强溶解的净化操作外，还应采取下列措施：

（1）降低电锌含铜：主要从两方面着手，一是严格要求锌液含铜小于 0.5mg/L；二是加强电解槽上操作，杜绝含铜物料进入电解槽中污染电解液。

（2）降低电锌含铅：其措施一是使电解液含锰离子保持在 3～5g/L；其二是将槽温控制在 35～40℃；其三是适当加入碳酸锶。另外还要严格执行掏槽制度和阴、阳极的平整制度。

（3）降低电锌含铁：主要是严格控制熔铸工序操作，尽量避免使用铁质工具，严格控制熔铸温度不超过 500℃，严格槽组和管理，杜绝铁质工具和机件掉入熔炉内。

6.4.2　电流密度与电流效率

6.4.2.1　电流密度

在锌电积过程中，电流密度（面积电流）的正确选择对电锌产品质量和电能消耗有重要意义。世界各锌厂采用的电流密度差异较大，波动在 200～1100A/m^2 之间。在相同条件（酸度、温度、极距）下，电流密度每增加 100A/m^2，由于溶液电阻增大损失增加 0.17V（占 5.3%）。故 20 世纪 70 年代以来建设的电锌厂，采用的电流密度波动范围大大缩小，一般为 300～700A/m^2。另外因电力公司供电采用电网峰谷负荷不同时段不同电价，因此有些工厂在低谷负荷时段采用高电流密度生产，而在高峰负荷时段采用低电流生产，以节约成本。

6.4.2.2 电流效率

电流效率是指实际产出锌量与理论析出量相比的百分数。

$$\eta = \frac{m}{qItN} \times 100\%$$

式中 η——电流效率，%；

m——析出锌实际产量，g；

q——电化当量，1.2202g/(A·h)；

I——电流，A；

t——电解时间，h；

N——电解槽数目。

电流效率是电积生产的一项重要技术经济指标，一般为85%~94%。影响电流效率的因素很多，如下所述。

（1）电解液中锌、酸含量的影响。随着电解液中锌含量的降低，相应地含酸量增多，从而引起锌的电流效率下降。表6-10说明了电流效率在不同酸度下与电解液中含锌量的关系。

表6-10 电解液含锌量对电解效率的影响

电解液含锌量/g·L^{-1}	52.90	52.20	49.83	48.26	47.77	34.55	36.64	36.23
电解效率/%	93.33	93.41	87.37	86.26	85.71	78.954	77.88	78.03
电解含酸量/g·L^{-1}	116.50		115.50		117.00		118.30	

（2）阴极电流密度的影响。随着电流密度的增加，氢的超电压增大。一般来说提高电流效率是有利的，但一定要有相应的电解液成分和较低的温度条件相配合，否则电流效率不但不能提高，反而会下降。

（3）电解液温度的影响。在一定酸度下，电流效率随温度的升高而下降。这是由氢的超电压随温度的升高而减小、杂质引起烧板及锌的反溶随温度的升高而加剧所致。因此锌电积必须有冷却措施，保证电解过程中对电解液温度的技术要求。

（4）电解液纯度的影响。如前所述，比锌更正电性的金属杂质，如铁、镍、锑和锗的存在，大都引起烧板、锌反溶或因阴阳极之间发生氧化还原类反应而降低电流效率。故应严格控制净化液质量，提高净化深度。

（5）阴极表面状态的影响。如果阴极析出锌表面粗糙或呈树枝状就会增大阴极面积，使氢的超电压下降，降低电流效率，有时还会出现接触短路。向电解液中加入适量的质量好的胶有利于改善析出锌表面状况，提高电流效率。

（6）电积周期的影响。电流效率随着析出时间的延长而降低，这与析出状况有关。但时间太短，出装槽频繁，劳动量大，阴极板消耗增加。一般析出周期为24h，表6-11为技术条件基本相同的情况下，不同析出时间对电流效率的影响。

表 6-11　锌阴极析出时间对电流效率的影响

析出时间/h	电流效率/%	析出表面状况
19	91.317	平整
24	90.636	形成“鸡皮疙瘩”
37	80.804	呈树枝状，黑灰色

综上所述，为提高电流效率应创造下列条件：不断提高电解液纯度；合理选择并控制好电解液锌、酸含量；合理的电流密度和析出周期；维持较低的电解温度；适当加入胶；减少漏电，做好绝缘；保持现场干燥清洁；加强操作，及时处理接触短路。

6.4.3　槽电压与电能消耗

6.4.3.1　槽电压

槽电压是指电解槽内相邻阴、阳极之间的电压降，可直接用电流表测出，在生产上，通常用电源总电压除以串联总槽数所得的商来表示。槽电压在 3.2~3.6V 之间变化。

槽电压由硫酸锌的分解电压、克服电解液电阻的电压降、阳极电压降、阴极电压降、阳极泥电阻的电压降等五项组成。硫酸锌的分解电压占槽电压的 78.30%，电解液的电压降占 12.13%。

电极极化主要由电极表面上离子浓度改变所致，因此在设备条件一定的情况下对槽电压大小有决定性影响的就是极间距离、电流密度、电解液的酸度和温度、导体接头情况以及其他因素。缩短极距能够大大降低槽电压，从而减少电能消耗，但极距过小对操作不利，还易发生短路。

6.4.3.2　电能消耗

电能消耗是指每生产 1t 析出锌所消耗的电能。它是电极生产中一个重要技术经济指标。其计算公式如下：

$$W=\frac{\text{实际消耗的电量}}{\text{析出锌产量}}=\frac{U}{q\eta}\times1000=820\frac{U}{\eta}$$

式中　W——直流电耗，kW · h/t；

U——槽电压，V；

η——电流效率，%；

q——电化当量，为 1.2202g/(A · h)。

从上式得知，电能消耗与电流效率成反比，与槽电压成正比。凡采取能降低槽电压和提高电流效率的措施都能减少电能消耗，锌电积生产一般电能消耗为 2900~3300kW · h/t。一些工厂锌电积生产的技术经济指标见表 6-12。

表6-12 锌电积生产的技术经济指标实例

项目	工厂实例			
	1	2	3	4
废电解液含锌 Zn 量/g·L^{-1}	50~55	54	50	50~60
废电解液含 H_2SO_4浓度/g·L^{-1}	135~145	107	270	165~185
电解液温度/℃	40~45	30~40	35	35~42
阴极电流密度/A·m^{-2}	550~600	400	1000~1100	450~500
同极间距/mm	58~60	100	24~32	75
槽电压/V	3.35~3.37	3.5	3.5	3.2~3.4
析出周期/h	24	48	8~12	24
吨锌直流电单耗/kW·h	3000~3200	3130~3330	3100	2950~3250
吨锌骨胶单耗/kg	0.2~0.4	0.3	Na_2SiO_3 0.4	0.2~0.4
电流效率/%	90~92	91~93	90~93	85~93
吨锌阴极板消耗/片	0.37	4.5	0.43	0.106
吨锌阳极板消耗/片	0.1	0.7~0.9	0.4	0.037

6.5 岗位操作

6.5.1 出装槽岗位

6.5.1.1 基本任务

与吊车岗位配合，出装所有达电积周期的锌板，冲洗导电头结晶。

6.5.1.2 操作前准备

(1) 准备好出装槽所用工具。

(2) 检查吊钩齿是否牢固齐全，钢丝绳是否完好。

6.5.1.3 正常操作

(1) 严格按出装槽顺序进行操作，不许前差后错，不许漏吊，确保每片极板电积周期为24h。

(2) 酒石酸锑钾溶液由槽上操作负责用热水配制，并于出该槽前5~10min均匀加入至槽内液含锑达0.1~0.12mg/L，严禁多加以防烧板。

(3) 出装槽做到下板迅速准确、导电良好，不错牙、不滑边、极板不倾斜。禁止扔板，要准确轻放。

(4) 出完每吊认真检查析出锌接触短路情况，及时标记做以处理，不合格阳极板及时更换。

(5) 按规定处理好导电部位，保其锃亮，操作过程中严禁铜杂质进入槽内。

(6) 发现板棒不平直、带锌角的铝板，不准装入槽内，返回上道工序处理。

(7) 出完槽调整好板间距，做到横平竖直，导电良好，不接触短路。

（8）槽上操作要防止铝板及吊钩伤人，防止连电。

（9）吊车工在槽上落板要密切与槽上工配合，防止损坏电解槽和极板。

（10）出槽时注意检查接触情况，保持槽面卫生。

6.5.2 剥锌岗位

6.5.2.1 基本任务

将析出锌从阴极板上剥下来并垛好。

6.5.2.2 作业前准备

（1）检查靠板架是否完好。

（2）摆好落锌架。

（3）协助把吊岗位，准备好上槽备用板。

6.5.2.3 正常操作

（1）各班按规定码好落垛，并标记杂质含量，严禁锌片混落以便铸型配料。剥锌时要保持锌片干净，打掉阳极泥接触部分锌片，保证锌片含铅合格。

（2）剥锌时轻打轻放铝板，保持平直、不出坑、不留锌角。导电头发黑和不好剥的板及时处理。

（3）严禁对人打锌角，落吊时密切配合吊车落板，剥锌时人与人保持1.5~2.0m的距离，以免伤人。

（4）锌片码落重量不许超过2.5t，锌片码落高度不允许超过1.0m 。吊锌片时吊车启动后，把吊工立即躲开，以免散落伤人。

（5）剥锌完毕后，清理工具、打扫好现场，将碎锌片装放在指定地点。注意不要把铅、铜、铁、铝等杂物夹放碎锌中。

6.5.3 把吊岗位

6.5.3.1 基本任务

指挥吊车挂吊极板、锌垛及冲刷阴极导电片。

6.5.3.2 作业前准备

（1）用吊钩试吊极板，仔细检查吊钩是否完好。

（2）检查本岗位所使用的钢丝绳、吊钩、木槌、汽管及蒸汽阀门等是否齐全完好。

6.5.3.3 正常操作

（1）准确把铝板距离调好，吊架下落准确。避免失误以防伤及极板，为槽上创造好条件。

（2）不合格板及时剔除，胶条要扎牢，精力集中，吊钩、吊板、吊架不要伤及自己和他人。

（3）上槽铝板每吊小于24片，确保无空吊。

（4）及时吊运废极板等物料。

（5）下班前关好水、汽阀门，收拾好工具，写明周转板备用情况。

6.5.4 吊车岗位

6.5.4.1 基本任务

吊运出装槽极板及物料、工具。

6.5.4.2 正常操作

（1）吊车各部位要注足油，零部件要完整无损、灵活好使。接班检查确认安全好使后方可开车。要起吊稳、行车快、停车准、上槽不空吊。密切配合出装槽工作。

（2）操作时思想要高度集中，发现行人以铃示警。上、下吊车要检查电源开关，出槽阴极锌板要下热水洗槽，锌落重量不超过2.5t。

（3）交接班或中途换人，要等人下车后，方可开车。吊重物时不准从人头上过，吊车上不准放任何物品，严禁顶车、撞车。特殊情况下必须两位吊车工答话后方可进行。

（4）槽上挂吊要准确，当阴极吊出槽面时，应停车约20s，以便槽上工观察短路记准接触。

（5）当电器部分制动跳闸时，禁止顶闸强行开车。如遇故障，应放下吊物，及时停车将控制器置于零位。断开电源，认真检查和排除故障。自己不能处理的故障，应及时报告班长找电器维修人员。

（6）检查电动机需要停电时，应与本跨其他吊车工联系好后，再拉下总闸，并挂上“严禁合闸”警示牌。检查完毕后，再次与有关人员联系好，方可取下警示牌合闸送电。遇电源临时停电或因故临时离开岗位时，应将各控制器置于零位，并断开电源。

（7）吊运工作完毕后，停车，打扫卫生并填写好设备运修记录。

6.5.5 掏槽岗位

6.5.5.1 基本任务

清掏电解槽槽底阳极泥及维护掏槽设备。

6.5.5.2 工艺技术条件和指标

掏槽周期：一个月。

6.5.5.3 作业前准备

（1）首先了解生产情况，如情况不适宜掏槽时，应向调度报告并适当采取措施或请示暂停掏槽作业。

（2）若生产正常，先将掏槽使用的设备准备齐全并认真检查是否完好。

（3）与浸出工序、本班真空泵岗位联系好，具备掏槽条件。

（4）与运转班和当班调度联系好，适当降低电流强度。

6.5.5.4　正常操作

（1）对真空泵检查好确认安全后方可开动运行。严格执行掏槽周期管理制度确保槽底不接触短路。

（2）槽内阳极泥厚度不得超过350mm，不得影响正常析出。

（3）严格执行掏槽操作方法：先在电解槽长五分之一处抽出三块铝板，把中间两块阳极板分拨两边停放，然后下铝制管道，分五点把前后阳极泥抽干净，抽出铝制管道，调好阳极距离，装入铝板后再重复上述操作。中间部分同上述一样。槽内液面下降不许超过二分之一处，严防短路事故。

（4）掏槽操作结束后，将槽上的抽液管道理顺放好，真空罐内及时输送至浸出工序。用废液对管道清理。槽内阳极泥厚度不得超过100mm。

6.5.5.5　特殊操作

检查导电时放炮起火，视情节严重用水或废液将火扑灭，通知运转槽上岗位适当加大本列流量，如扑不灭则采取换板的方法，用备用阴极板将槽内所有阴极锌板换出。

6.5.6　槽面管理岗位

6.5.6.1　岗位任务

通下液管，调流量，测槽温，添加骨胶以及槽面和漏电点的检查与处理。

6.5.6.2　工艺技术条件和指标

电解槽温度：35~42℃。

6.5.6.3　作业前准备

（1）准备好各种槽上所用工具。

（2）检查温度计是否准确，骨胶量是否充足。

6.5.6.4　正常操作

（1）接班时仔细查看上班记录，详细了解生产情况和注意事项。

（2）要根据电流密度调整新液量酸锌比，控制在3.0~3.6之间，确保析出正常和析出锌质量。

（3）严格控制酸锌比，确保槽两端含锌差小于2g/L的废液。

（4）在班中操作期间，随时测流量及酸锌比。按规定定次分析废液含酸、含锌量，酌情调整新液流量。

（5）在班中操作期间，要勤上槽巡回检查各个供液孔和出液口的循环是否正常，确保电解液循环正常。

(6) 接班后和交班前分次逐槽测定槽温，班中抽测数据（最高和最低槽温）2~4 次，以便掌握槽的温度变化及时发现异常情况。

(7) 电解新液放罐前必须采样分析 Sb、Co、Cd、Fe 等杂质，合格后方可放罐，不合格必须返回处理。班中如发现电解槽普遍烧板则立即采新液废液试样分析并把烧板情况上报车间主控室。

(8) 按车间规定加入适量碳酸锶，确保析出锌合格。骨胶加入量根据析出锌和具体情况而定。

(9) 将碳酸锶加入搅拌槽内，加水搅拌均匀后加入混合槽内，一般每吨析出锌控制在 3~4kg。

(10) 将骨胶加入溶胶槽用蒸气加热溶化，然后均匀加入混合槽内，一般每吨析出锌控制在 0.2~0.3kg。

(11) 检查骨胶、碳酸锶的质量，发现不合格的不能使用，严禁混料。

(12) 按时巡检所属范围内的设备。溶胶槽、碳酸锶搅拌槽防止跑液。

(13) 要认真地管理好所属设备、用具等。

6.5.7 泵房运转岗位

6.5.7.1 岗位任务

负责酸泵的使用和维护以及电解废液的供给和输出。

6.5.7.2 开车前准备

(1) 对电器润滑紧固安全等方面进行全面检查。

(2) 盘车 2~3 周。

(3) 检查泵管道是否完好，有无滴漏。

6.5.7.3 正常操作

(1) 新液泵操作。

1) 开泵前先检查转动是否灵活，如安装或检修的泵应检查旋转方向是否正确。

2) 停泵时，切断电源，关闭进口阀门，放出泵内溶液，避免结晶。

3) 注意观察新液质量，发现新液浑浊等异常现象时，要立即报告车间主控室，不合格新液未征得主控室同意，不得使用。

4) 根据化验结果控制混合液锌、酸含量在技术规定范围内，如生产不正常而达不到规定要求时，应向车间主控室报告。

(2) 废液泵及循环泵操作。

1) 开泵：开泵前检查有无故障。打开进液阀，检查泵的进液端是否漏液。确认无故障，方可启动。启动后检查响声是否正常，转动是否正确，电流指示是否在正常范围内，振动是否太大。确认无误后，便可全部打开进液阀，投入正常运行。

2) 停泵：先关进液阀，只稍留缝隙，然后停车，待管道内余液全部倒完后，再关紧进液阀，防止滴漏，注意换泵时应先开后停。

3）控制好废液的加入、送出量，保证电解生产的正常进行，正常情况下，保持贮槽液位离溢流孔 50cm 左右。

4）定期检查泵的电流表、电动机温度及注意查看泵体和管道是否漏液。

（3）勤与浸出、净液车间联系，确保及时供应新液，不堵废液。

（4）经常检查冷却塔和新液泵及电流开动情况，发现问题及时处理。

（5）新液泵、废液循环泵、输送泵、污水泵勤注油，确保部件完整无损，确保运行卫生良好 。

（6）勤检查酸泵及室内管道管线，杜绝跑冒滴漏，发现问题及时上报班长维修。

6.5.7.4 特殊操作

突然停电时，应立即按电器操作顺序进行操作，等待来电。来电后按正常的开泵顺序进行操作。

6.5.8 冷却塔岗位

6.5.8.1 岗位任务

测定冷却塔进出液温度，维护和保养冷却塔。

6.5.8.2 工艺技术条件和指标

（1）冷却塔进液温度：36~42℃。

（2）冷却塔出液温度：30~36℃。

6.5.8.3 冷却塔正常操作

（1）冷却塔开车前检查。

1）检查进液管道喷淋系统和下料漏斗盖子是否完好。

2）检查风机、电动机地脚螺丝等紧固件是否牢固可靠。

3）检查电动机地线、风机和防护罩等安全装置是否完好。

4）检查转动部分是否有障碍物，并用手转动风机 1~2 转。

5）确认设备完好后，先合电源开关，再合安全开关，然后启动风机，待风机转动正常后再过液。过液前应通知泵房岗位，注意流量变化，注意调整各冷却塔过液流量。

6）定时检查设备运转情况，发现风机响声异常或其他故障，应停车检查处理。

7）停车时（紧急停车除外），应先关闭进液阀门，停止进液后，再停风机，同时断开安全开关，最后断开电源开关。

（2）检查所有管道管线，注意维护保养，无泄漏。保证电解液循环畅通无阻。及时检查冷却塔风机，发现异常及时维修。

（3）严格执行冷却塔的周期管理工作，夏季每月清理一次，冬季 1~2 月清理一次。

（4）清塔要穿好防酸雨衣和耐酸靴，系好安全带，搭好跳板，确认高空安全作业无误后，方可清塔。清塔时先打开底层中心密封口，由上至下清理避免损坏设备，防止高处壁上结晶物脱落伤人，操作时注意保护好玻璃钢、喷头、捕滴器。清除完后把出渣口封好，将断开的塔上管道复原后方可通知泵房开车运行。

6.6　电积锌过程的故障及处理

（1）个别烧板。产生这种现象的原因有：

1）操作不细，造成铜污物进入电解槽内，或添加吐酒石过量，使个别槽内电解液含铜、锑升高，造成烧板。

2）循环液进入量过小槽温升高，使槽内电解液含锌量过低，含酸量过高产生阴极反溶。

3）阴阳极短路也会引起槽温升高，造成阴极反溶。

处理办法是加大该槽循环量，将含杂质高的溶液尽快更换出来，并及时消除短路。这样还可降低槽温，提高槽内锌含量。特别严重时还需立即更换槽内的全部阴极板。

（2）普遍烧板。产生这种现象的原因多是由于电解液含杂质偏高，超过允许含量；或者是电解液含锌量偏低、含酸量偏高；当电解液温度过高时，也会引起普遍烧板。

出现这种情况时，首先应取样分析电解液成分。根据分析结果，立即采取措施，加强溶液的净化操作，以提高净化液质量。在电解工序中则应加大电解液的循环量，迅速提高电解液含锌量。严重时还需检查原料，强化浸出操作，如强化水解除杂质，适当增加浸出除铁量等。与此同时应适当调整电解条件，如加大循环量、降低槽温和溶液酸度也可起到一定的缓解作用。

（3）电解槽突然停电。突然停电一般多属事故停电。若短时间内能够恢复，且设备（泵）还可以运转时，应向槽内加大新液量，以降低酸度，减少阴极锌溶解。若短时间内不能恢复，应组织力量尽快将电解槽内的阴极全部取出，使其处于停产状态。必须指出：停电后，电解厂房内应严禁明火，防止氢气爆炸与着火。

还有一种情况是低压停电（即运转设备停电），此时应首先降低电解槽电流，循环液可用备用电源进行循环，若长时间不能恢复生产时，还需从槽内抽出部分阴极板，以防因其他工序无电，供不上新液而停产。

（4）电解液停止循环。停止循环即对电解槽停止供液。这必然会造成电解温度、酸度升高，杂质危害加剧，恶化现场条件，电流效率降低并影响析出锌质量。

停止循环的原因有：

1）由于供液系统设备出故障或临时检修泵和供、排液溜槽；

2）低压停电；

3）新液供不应求或废电解液排不出去。

这些多属计划内的情形，事先就应加大循环量，提高电解液含锌量，收减开动电流，适当降低电流密度，以适应停止循环的需要，但持续时间不可过长。

习　题

6-1 写出锌电积的主要电极反应。

6-2 锌与氢的标准电极电位分别为-0.763V 和 0V。从热力学上看，在阴极上析出锌之前，电位较正的氢应先析出，但在实际电积锌的过程中为什么是锌优先于氢析出？

6-3 杂质在锌电积时的行为有哪些？

6-4 如何降低阴极铅含量、提高电锌质量？

6-5 什么是槽电压？影响槽电压的因素有哪些？

6-6 什么是电流效率和电能消耗？影响锌电积过程中的电流效率和电能消耗的因素有哪些？分别写出电流效率和电能消耗的数学表达式。

6-7 提高锌电积过程中电流效率的措施有哪些？

7 阴极锌熔铸

7.1 工艺原理

阴极锌熔铸过程是在熔化设备中将阴极锌片加热熔化成锌液，加入少量氯化铵(NH_4Cl)，搅拌，扒出浮渣，锌液铸成锌锭。阴极锌熔铸主要操作在于合理使用感应电炉。其工艺如图7-1所示。

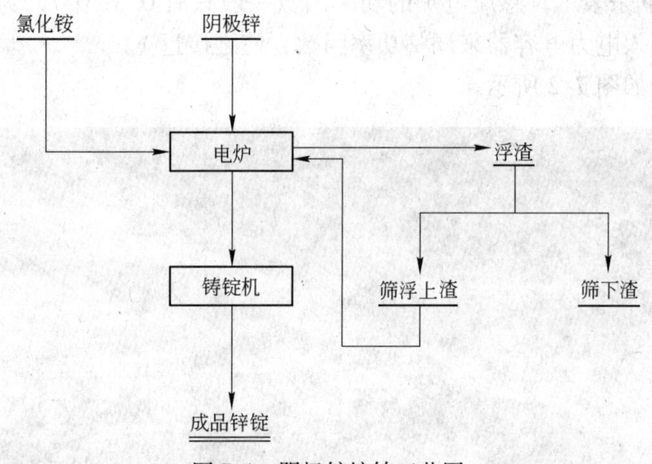

图7-1 阴极锌熔铸工艺图

7.2 感应电炉

工频感应电炉是熔炼铜、锌等纯金属及其合金的常用设备，一般分为有芯炉和无芯炉。锌锭熔化浇铸使用有芯炉，合金制作使用无芯炉。

7.2.1 有芯工频感应炉

有芯工频感应炉具有热效率高、电效率高、金属烧损少、炉温易控制、化学成分易掌握、炉温均一、劳动条件好等优点。电源设备由于采用工频电源，不需变频设备，仅需电炉变压器即可，但筑炉工艺复杂，更换产品品种时需要洗炉。经过多年实践，筑炉工艺已日趋完善，由于采用了单向流动的不等截面熔沟、高温预烧结成型熔沟、可拆卸活动熔沟等筑炉新工艺，感应电炉的寿命大大提高，炉子的容量已从20世纪50年代的300kg提高到现在的40~60t。

7.2.1.1 工作原理

感应电炉能使金属被感应加热，即在金属内感应生成电流使金属加热熔融。感应电炉的一次线圈从电源取得电能，经过铁芯将电能传送到二次线圈（即熔沟）。在电能传送工厂中电压降低，电流相应增大，在熔沟内形成强大的电流，通常为 $10^3 \sim 10^4$A。熔沟本身产生的电流使熔沟内金属熔化，在热对流及电磁力的作用下将热量不断输送到炉膛里，进而使炉内金属部分熔化。

熔沟内感应电流产生的热量由下式求出：

$$Q = 0.001I^2Rt$$

式中 Q——热能，kJ；

I——熔沟电流，A；

t——时间，s；

R——熔沟电阻，Ω。

芯片在传送电能时，由于存在漏磁等原因，而不能百分之百地有效传送。此种传送效率用功率因数 $\cos\Phi$ 来表示，感应电炉的功率因数一般只有 0.6~0.7，为了提高有效电功率，感应电炉常接入电力电容器来调整功率因数，使之接近 1。

有芯感应电炉如图 7-2 所示。

图 7-2 有芯感应电炉

7.2.1.2 结构和技术性能

工频感应电炉分为感应器整体和感应器装配两种结构，均由炉体、电气设备、冷却系统三部分组成。炉体包括炉壳、炉衬、感应线圈等。炉壳由钢板焊成，上部有活动炉盖，炉顶加料，熔池以下（包括感应器室）部分捣制炉衬，熔池以上和熔化室与浇铸室间隔墙部分采用普通黏土砖砌筑。炉子熔池两边及后面安装电炉变压器。

感应线圈用扁铜线或空心铜管绕制而成。每匝之间用云母片绝缘，线圈上有 2~3 个抽头，可以调整电炉的功率。空心铜管感应圈用水冷却，扁铜线用风冷却。

感应电炉所用的磁铁分为单相壳式与单相芯式两种，磁铁用 0.35mm 或 0.5mm 厚的硅钢片叠成。为减少空气间隙造成的磁通损失，硅钢片常交错叠放。为了充分利用感应线圈内的有限空间，磁铁芯做成阶梯式，一般为2~3个台阶。

感应电炉的熔沟相当于变压器的二次线圈，但只有一圈容易短路。熔沟安装在炉底或炉的下侧，大部分为水平或倾斜式熔沟。熔沟数目一般每相1~2个，两相或三相立式炉的熔沟常连在一起，形成双联或三联熔沟。熔沟断面多用等截面环状熔沟，但此种熔沟的底部常形成一个金属液涡流状的高温滞区，使熔沟内产生的热量不能迅速传入炉膛，不但降低了熔化效率而且使高温滞区部分的耐火材料局部过热，影响炉子的寿命。因此有些工厂改用不等截面环状熔沟，促使金属液成单向流动，使熔沟内产生的热量迅速传入炉膛，提高金属熔化效率，消除高温滞区，延长炉子寿命。

电炉的倾动装置种类有液压倾动、钢丝绳卷扬倾动、齿轮机构倾动、手摇蜗杆倾动及吊车倾动等。后两种因劳动强度大、不安全，已很少采用。

感应电炉的技术性能见表7-1。

表7-1 感应电炉的技术性能实例

项　目	有芯感应电炉	
额定容量/t	40	45
生产率/$t \cdot h^{-1}$	7~8	7.5~8.5
工作温度/℃	500	500
功率/kW	900	900
电压/V	380	380
相数/相	3	3
频率/Hz	50	50
功率因数（补偿前）	0.75	0.7
功率因数（补偿后）	1	>0.75
线圈匝数/匝	42~60	
熔沟个数/个	6	3
熔沟放置形式	水平	倾斜
吨锌耗电量/kW·h	110~120	<115

感应电炉的冷却系统包括风冷或水冷的线圈与水冷套以及炉壳水冷系统等。

感应电炉的电器设备主要是供电变压器、烤炉变压器、提高电炉功率因数用的电力电容器以及各种开关、接触器、电压表、电流表、电缆等。

7.2.2 无芯感应电炉

无芯感应电炉是自热式电炉。它靠炉料本身发热熔化，没有外来污染源，所以熔炼的合金纯净；非金属夹杂物少，合金的温度也较低，金属熔池的氧化损失少；在电磁力作用下熔融金属在炉内强烈搅拌，使合金的成分均一，温度也均匀，不至于局部高温过热；同时炉子的效率高，熔化迅速，生产率高，占地面积小，可以迅速准确地在较大功率范围内进行调节，并可在真空特殊气氛（如氢气）保护下熔炼，劳动条件好，是一种有广泛用途的熔炼炉。它的主要缺点是设备复杂，价格昂贵，需用大量功率因数补偿电容，总功率低，且熔渣温度较低，使熔渣对金属的精炼作用削弱，对操作人员要求较高的熟练程度。

7.2.2.1　工作原理

无芯感应电炉实际是一个空气芯变压器。在耐火材料制成的坩埚外面试一次线圈线，当一次线圈连接在交流电源上时便在线圈内产生交变磁场，这一交变磁场使坩埚内的金属（相当于二次线圈短路）产生感应电势，此感应电势即可在短路的金属内产生强大的感应电流使金属熔化。所产生的感应电势由下式确定：

$$E = 4.44 Nf\Phi \times 10^{-8}$$

式中　E——炉料里的感应电势，V；

N——感应线圈的匝数；

f——频率，Hz；

Φ——磁通量，Wb。

由上式可以看出，为了提高感应电势可以增加匝数、提高频率或增加磁通量。无芯感应电炉由于没有铁芯，仅由空气导磁，而空气的磁导率低，所以磁通量无法增加。此外由于电炉要求电流大才能熔化金属，所以导线必须粗，在有限的空间里匝数也不能大量增加。因此增加电炉感应电势唯一可行的办法是大幅度提高频率。据此高频电炉的频率常在 10^4Hz 以上。中频炉的频率虽低于 10^4Hz，但仍远远高于工业频率，一般为 2000Hz。工频炉的电源为 50Hz 工业用电，为了增加工频炉的磁导率，在线圈外面用磁轭导磁，减少漏磁损失。

7.2.2.2　结构和技术性能

无芯感应电炉主要由炉体、水冷却系统及供电系统三部分组成。其中炉体包括框架、感应线圈、坩埚、炉体倾动装置等。工频无芯感应电炉另有导磁轭铁。

炉体框架用非磁性金属材料、经石蜡处理的方木和石棉水泥板制成，将位于四角的三根垂直角铁连成一体，并互相绝缘，使炉体框架在任何方向上都不能形成回路。工频炉有一组轭铁，既可支承感应线圈，又可使炉体加固。

感应线圈通常用紫铜矩形管绕制成螺旋状，然后在紫铜管外面包裹玻璃丝布，刷上绝缘漆，并在线圈之间垫上云母片。感应线圈通常用循环水冷却，使线圈不致因电流大、炉温高而将绝缘击穿、烧坏。因此出水温度应控制在 35～45℃。

无芯感应电炉的倾动机构多为油压缸，但也有用卷扬机及其他起重装置的。

工频无芯炉所用的导磁轭铁，用 0.35～0.45mm 厚的硅钢片叠制而成，一般为 8 个，分布在感应线圈的外面，使磁力线均匀分布。感应线圈产生的磁通绝大部分通过轭铁，使漏磁损失减少，防止炉体框架或其他金属构件发热。

工频无芯感应电炉使用工频电源，不需变频设备，可以简化操作并节约投资，但需较多的电容补偿器，用以提高功率因数。

工频无芯感应电炉的技术性能见表 7-2。

表 7-2 工频无芯感应电炉技术性能实例

项 目	炉 1	炉 2
额定容量/t	6.0	0.75
额定功率/kW	400	80
生产率/$t \cdot h^{-1}$	2.1	0.4
工作温度/℃	450~600	600
感应器电压/V	500	220~380
补后功率因数	>0.98	-1
冷却水耗量/$m^3 \cdot h^{-1}$	12	—
倾炉方式	液压	液压

7.3 阴极锌熔铸的生产过程

阴极锌熔铸过程是在熔化设备中将阴极锌片加热熔化成锌液，加入少量氯化铵（NH_4Cl），搅拌，扒出浮渣，锌液铸成锌锭。其主要操作在于合理使用感应电炉。

7.3.1 熔锌工频感应电炉的开停炉

熔锌工频感应电炉开炉有固体开炉和液体开炉两种方法。前者准备工作简单，但可靠性差；后者开炉准备工作复杂，但开炉可靠。

7.3.1.1 开炉前的准备工作

（1）备齐正常生产时所需用的一切工具。

（2）全面检查设备是否完整适用，特别要重点检查电气设备的安全。

（3）烘炉前应将炉子打扫干净。

（4）在熔池内铺 1~2 层锌锭与锌环接触，构成闭合回路，以扩大锌环的散热面积和尽可能减小变压器与炉膛的温度差。

（5）烘炉前除加料口外，应做好炉门的密封工作，以防散热过多。

7.3.1.2 烘炉和开炉

新筑电炉自然干燥 35d，用串联或并联交替连接的方法在熔池内设置电热器，升温保持 300℃以下加热烘烤 10~13d，在此期间，炉子变压器是低压送电。要求变压器室温度与炉体温度保持平衡。电热烘炉 13d，待锌环温度到 300℃时再撤走炉内电热器。用炉子变压器升温至锌环的熔点。当锌环开始熔化则立即将过热锌液倾入炉内并转入高功率电压级，随温度升高，逐步加入阴极锌片，将炉子熔池灌满，开炉即告结束。

7.3.1.3 开炉注意事项

根据国外电炉生产经验，升温速度为 1.5~2℃/h。我国电炉生产实践表明，升温速度可为 5~15℃/h。升温要平缓，不能波动太大。炉温时高时低，因炉衬的膨胀系数不同，容易造成炉壁裂缝和锌环断裂，尤其是在 100~300℃之间，即锌环熔化前要特别注意锌环的升温。当熔沟接近419.58℃时，若发现电流表上的指针频繁摆动，应立即将过热锌液倾入炉内，并相对提高功率电压级送电。视温度变化情况逐步加入小批量阴极锌片，直到装满炉膛为止。电压继续上升，即可转入低能力生产。

在接到临时停炉通知时，首先将炉内温度尽可能提高，新炉可维持1h，旧炉可维持4min。当恢复送电时，应先从较低电压逐渐提高，防止二次线圈电路切断或熔沟崩裂。若停电时间较长，首先应尽可能将熔池内的锌液铸锭，之后封堵各进、出料口，保温。如要停炉大修，则需把锌液全部放出。

7.3.2　正常操作

开炉完毕转入正常操作后方可进料熔化。首先将阴极锌片吊运到运料口平台上，预热除去水分。每8~15min均匀加入一垛约70mm厚的阴极锌片，以保持炉温与熔池锌液面的稳定。

阴极锌在电炉熔池内熔化过程中会形成浮渣。浮渣为氧化锌与锌液混合物，为使锌液从浮渣中分离出来，降低浮渣率，提高锌直收率，在搅锌时加入适量的氯化铵。

根据阴极锌片的质量及炉内渣层的厚度情况，每隔2h左右进行一次搅拌扒渣。扒渣时动作要轻、慢，抓到炉门稍等片刻，以减少随浮渣带出来的锌液。每次扒渣后要在炉内残留少量（厚1~2cm）的渣层，以保护锌液不被氧化。浮渣送出另行处理。

锌液浇铸有机械浇铸和人工浇铸两种。机械浇铸设备有直线浇铸机和圆盘浇铸机。熔铸现场如图7-3所示。

图7-3　熔铸现场

7.4　感应电炉熔铸锌的生产技术条件及其控制

7.4.1　熔锌温度

为保证锌熔铸过程正常操作，有高的产品质量和较低的浮渣率，应严格控制熔锌温度。熔锌炉炉膛温度愈高，熔锌能力愈大，且排出炉外的烟气含热量高，热效率低。炉温增高会加剧锌液氧化，增加浮渣及烟尘量，降低锌的直收率。为防止锌液的氧化，炉内应为还原气氛保持微正压，控制合适炉温，以提高炉子的生产能力和锌的直收率。一般进料前熔池锌液温度控制在500℃左右为宜。表7-3为国内一些工厂熔锌炉炉温控制情况。

表7-3　不同熔锌炉熔铸温度的控制范围实例

项　目	厂1	厂2	厂3	厂4
炉　型	反射炉	反射炉	工频感应炉	工频感应炉
加热用能源	煤气、重油	煤气	电能	电能
加热时炉膛温度/℃	650~750	650~800	520	460
进料前熔池温度/℃	480~500	480~530	460~500	480~500
浇铸温度/℃	450~480	450~500	450~480	460~480

7.4.2　液面控制

加入熔锌炉的阴极锌是借助熔融锌的物理热来熔化的，因此，熔池内必须保持一定量的锌液，使阴极锌浸没于锌液中。浇铸过程中熔池内锌液面可控制在低于浇铸口30~100mm。熔锌炉生产使用一定时间后，要清除黏结在炉壁上的炉结，一般清炉周期为10~20d，每次清炉时间为3~8h。

7.4.3　熔铸锌的直接回收率

熔铸锌的直接回收率受阴极锌质量、加料方法、加温方法和操作情况等因素的影响。对于熔锌反射炉，由于阴极锌结构疏松，含水量高，进炉阴极锌未全部浸没于锌液中。直接与火焰接触，会增加锌的氧化和浮渣量；如果氯化铵加入不当、搅拌不彻底、扒渣时温度过低，都会造成渣、锌分离不好，渣带走锌量增多。这些因素均会降低锌直接回收率。

熔锌电炉的直接回收率一般为96%~97%。无论采用反射炉还是电炉，都要产生浮渣，这是因为从炉门进入炉内的空气或燃烧产生的CO_2以及阴极锌片带入的少量水分，会使炉内的锌液氧化生成氧化锌。生成的氧化锌以一层薄膜状包裹一些锌液滴，形成小粒状的氧化锌与金属锌的混合物，即为浮渣（其中含锌80%~85%），浮渣越多，熔铸时锌的直收率越低。

浮渣的产出率与熔铸设备、熔铸温度、阴极锌的质量有关。当采用感应电炉熔铸，由于不用燃料，炉内锌的氧化少，因而浮渣的产出率比反射炉低，锌的直收率高。同时，电炉同反射炉相比能耗较低（一般吨锌耗电为100~200kW·h）、劳动条件好、操作条件易于控制。国内外均用电炉熔铸代替了反射炉熔铸。反射炉熔铸只在一些小厂使用。

为了降低浮渣产出率和降低浮渣含锌，熔锌时加入氯化铵，它的作用是与浮渣中的氧化锌发生如下反应：

$$ZnO + 2NH_4Cl \xlongequal{} ZnCl_2 + 2NH_3\uparrow + H_2O\uparrow$$

生成的$ZnCl_2$熔点低（约318℃），因而破坏了浮渣中的ZnO薄膜，使浮渣颗粒中被夹持的锌液滴露出新鲜表面而聚合成锌液。每吨锌消耗氯化铵1~2kg。

电炉熔铸锌的主要经济指标见表7-4。其中熔铸锌的直接回收率计算公式如下：

$$熔铸锌的直接回收率 = \frac{合格锌锭含锌量}{入炉物料含锌量} \times 100\%$$

表7-4　阴极锌电炉熔铸技术指标

工厂编号	电炉功率 /kW	熔池温度 /℃	吨锌电能消耗 /kW·h	吨锌氯化铵消耗 /kg	熔铸锌的直收率 /%
1	540	450~500	110~120	1~1.5	97.5
2	540~900	460~500	110~120	1~1.58	96.8
3	—	470	99	0.618	—
4	—	—	110	—	97.5

7.4.4　质量控制

在生产过程中，为了提高锌锭品级率，除在熔铸工序进行合理配料外，还应当在浸出液净化、电解等程序中严格工艺操作，提供合格的析出锌。在生产实践中常常由于电解液中含有某些杂质而严重影响阴极锌的质量，从而影响锌锭品级率。

（1）锌锭化学成分要求见表7-5。

表7-5　锌锭的化学成分要求　%

Zn（≥）	杂质（≤）							
	Pb	Fe	Cd	Cu	Sn	As	Sb	杂质总和
99.995	0.0030	0.0010	0.0020	0.0010	0.001	—	—	0.005
99.99	0.0050	0.0030	0.0030	0.0020	0.001	—	—	0.01
99.95	0.02	0.01	0.022	0.0020	0.001	—	—	0.05
99.5	0.30	0.04	0.07	0.0020	0.002	0.005	0.01	0.50

（2）锌锭表面质量要求。锌锭表面不允许有熔洞、缩孔、夹层、浮渣及外来夹杂物，但允许有自然氧化膜。锌锭单重为20~25kg，锭的厚度为30~50mm。

（3）阴极锌片符合品级要求，见表7-6。

表7-6　阴极锌要求

元素 级别	Pb（≤）	Cd（≤）	Fe（≤）	Cu（≤）	Sn（≤）	Zn（≥）
0级	0.003	0.002	0.001	0.001	0.001	99.995
1级	0.005	0.003	0.003	0.002	0.001	99.99
2级	0.02	0.02	0.01	0.002	0.001	99.95

（4）氯化铵：工业级、无严重潮解结块。

7.4.5 浮渣处理

浮渣主要成分为金属锌（占40%~50%）、氧化锌（约占50%）和少量硫化锌（约占2%~3%），总含锌量约80%，含氧0.5%~1%。浮渣产出率的高低，除受进炉原料影响外，主要取决于搅拌、扒渣等操作。一般工厂浮渣率为4%~7%，计算公式如下：

$$\text{浮渣率} = \frac{\text{浮渣产出量}}{\text{进炉阴极锌量}} \times 100\%$$

浮渣中夹带着相当多的金属锌粒，因此必须进行处理使之分离。国内各工厂一般先将大块锌粒分出直接回炉熔化，余下进行湿法或干法处理。

湿法处理一般是将浮渣先经筛选后加进圆桶球磨机中，并继续加水，把细粒金属锌与氧化锌磨洗出来，经澄清分离，溢流水弃去，沉淀渣再经脱氯处理后作提锌原料送浸出。而停留在球磨机中的粗锌返回熔化铸锭或制作锌粉。

有的工厂将浮渣送入干式球磨机进行干法处理，使大块浮渣被破坏，金属锌与氧化锌分离。这种球磨机壳体有孔，壳体的四周有圆筒筛网，球磨机略倾斜，大粒金属锌由球磨机的下部轴颈排出；细粒通过球磨机壳体的小孔落到筛网上，再将金属锌粒与氧化锌粉分离出来。大粒金属锌可送去制造锌粉或铸锭，而氧化锌粉送流态化炉或多膛炉焙烧脱去氧。

7.5 岗位操作

7.5.1 加料岗位

7.5.1.1 岗位任务

向炉内加入锌片（锌锭），满足生产要求。

7.5.1.2 工艺条件及指标

（1）加料时炉温不得低于470℃。
（2）每次加料厚度小于15mm。
（3）加料结束后，浮渣面距扒渣口上沿不小于5cm。
（4）锌片含水小于0.3%。
（5）液面距出锌口3~10cm。

7.5.1.3 正常操作

（1）将干燥的锌片吊至加料平台上。湿锌片要及时拿出，烘干后再加入炉内，严防放炮。

（2）分批分次在加料斗内加入锌片，每批加料不应超过1t，分多次加入，且此时炉温不低于480℃。加返锌锭时要远离感应器熔沟，防止凝沟。

（3）加入锌片时要及时清除锌片垛上的杂物，加入返锌锭时要根据生产指令加入相应炉内。

（4）如果料斗内卡料，不得继续加料，注意保持料斗畅通。

7.5.2 扒渣岗位

7.5.2.1 岗位任务

配合加料工完成加料工作，扒净锌液面上的浮渣。

7.5.2.2 工艺条件及指标

（1）扒渣温度不低于470℃。
（2）吨锌氯化铵单耗0.8~1.2kg。

7.5.2.3 正常操作

（1）当加入一批料完毕后，应进行扒渣操作。
（2）把氯化铵均匀地撒在炉内，用耙子在炉内反复搅拌，直到渣子变成疏松状为止。
（3）扒渣动作要慢，渣子扒至炉口平台上要停止5~10min，待明锌流回炉内方可装车。
（4）扒渣完毕后及时关闭炉门。
（5）将渣车推至渣场指定位置，明锌及时回收返锌。
（6）经常检查和观察炉况，防止结壳和炉温过高。

7.5.3 搂皮岗位

7.5.3.1 岗位任务

搂净锌液面上的浮渣，使锌锭单重符合产品标准。

7.5.3.2 操作条件

（1）浇铸温度480℃±20℃。
（2）锌锭单重控制在20~25kg范围。

7.5.3.3 操作前准备

（1）准备好石棉板，检查液面是否合格。
（2）检查铸锭机各部件是否齐全，冷却风机是否正常运行。

7.5.3.4 正常操作

（1）启动风机，接通电源再按下铸锭机启动按钮。
（2）调整好勺子，控制好锌锭的薄厚，以减少溅锌，同时保证锌锭单重符合产品标准。
（3）认真搂皮，起板、走板、送渣要稳。
（4）锌液温度低时深拨板，温度高时浅走板。

（5）板、耙要配合得当，起板处到端边距离不得小于30mm。

（6）保持锌锭“六无”，每块锌锭重量控制在20~25kg。

7.5.4　接锌岗位

（1）接锌时要整齐，四角要基本垂直，每垛不超过56块。

（2）对物表不符合规格要求的要及时挑出，对批号不清楚的要及时补好。

（3）吊锌时要协助吊车人员挂好扣子，然后立即离开地坑，并事先与出锌人员打招呼。

（4）停车以后把碎锌返回炉内，不准乱扔。

7.6　故障处理

（1）计划停电。短时停电（2h以内），炉温升至570℃，加木材用油枪火保温，点动各感应器切除按钮，使感应器退出工作状态，切除操作台电源，拉下总闸。

（2）突然停电。突然停电后，司炉工立即将各感应器的电源空升切断，通知加料工停止加料操作，准备好燃油喷枪、木材，视停电时间长短判断是否加燃油喷枪、木材进行保温。

（3）送电。关闭燃油喷枪阀门，合上总闸，再合上操作台电源，启动风机，各感应器投入运行。

（4）送电要求。停电时间在30min以内，熔池表面没有冻结，来电后可立即给感应器送电；停电在1h以内，如果发现熔池表面局部冻结，可用低功率档给感应器送电，逐步加大至正常生产；停电时间在2h以上，接通知后应将炉温升至570℃，停电后送燃油喷枪保温，使炉温不得低于430℃；长期停电，应将感应器换入低功率档位、将高位放锌口打开放锌至熔沟喉口，然后整个电器系统停电，将感应器线圈铁芯吊出，再将熔池内锌液放空。

习　题

7-1 简述感应电炉的工作原理。

7-2 熔铸过程中，加入氯化铵的作用是什么？

7-3 简述感应电炉开关操作。

7-4 锌浮渣产生的原因是什么？

8 电炉锌粉

8.1 工艺原理

电炉锌粉生产的基本原理是将焙矿、焦炭、石灰、石英石等原料按一定比例混合干燥后加入电炉进行还原熔炼，产出的烟气进入冷凝器急剧冷却变成锌粉，主要化学反应为：

$$ZnO + C = Zn\downarrow + CO\uparrow$$

$$2ZnO + C = 2Zn\downarrow + CO_2\uparrow$$

$$C + CO_2 = 2CO$$

炉料中的 CaO、FeO、SiO_2等氧化物形成熔渣，定期排出炉外。

电炉锌粉生产工艺的主要特点是整个系统要保持正压，杜绝吸入空气，否则容易造成冲炉甚至爆炸。

电炉锌粉生产工艺如图 8-1 所示。

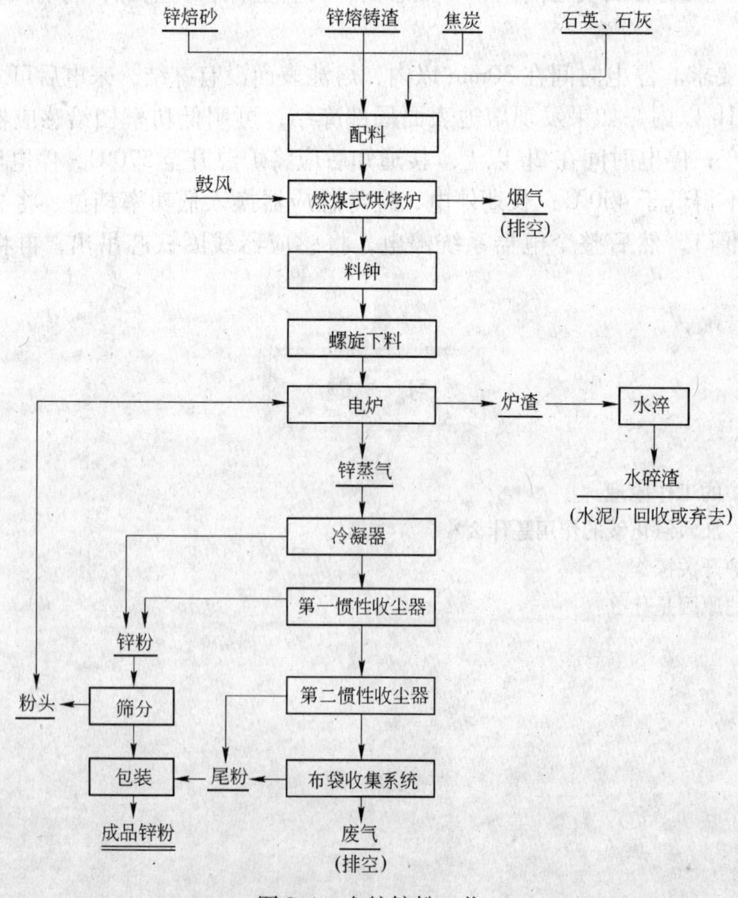

图 8-1　电炉锌粉工艺

8.2 生产工艺概述

电炉法制造锌粉，是在三相电弧炉内，通过电弧将电能转变为热能，同时焦炭燃烧亦产生热量，产生高温（1000℃以上），在此条件下，将含锌物料中的锌在焦炭造成的还原气氛下还原出来，生成锌蒸气（升华），并将锌蒸气导入冷却系统中经冷凝捕集而获得固体粉末状的金属锌粉。

8.2.1 原理

含锌物料中的锌，一般以氧化锌（ZnO）、硫酸锌（$ZnSO_4$）、铁酸锌（$ZnO \cdot Fe_2O_3$）等形式出现，但主要是以氧化锌形式出现，当然，铸型锌渣中，亦会有大量的金属态锌。

两阶段理论认为，在高温条件下，金属氧化物离解析出氧：

$$ZnO = Zn + 1/2O_2$$

氧与碳反应生成二氧化碳：

$$C + O_2 = CO_2$$

在碳过量而氧不足的情况下，二氧化碳与碳反应生成一氧化碳：

$$CO_2 + C = 2CO$$

综述上面的反应为：

$$ZnO + CO = Zn + CO_2$$

由于一氧化碳气体能很好地与固体金属氧化物接触，故反应比较快。

当然，固体金属氧化物也可以与固体碳起反应：

$$ZnO + C = Zn + CO$$

$$2ZnO + C = 2Zn + CO_2$$

但由这种还原过程的进行只发生在固体碳与氧化物接触的表面上，很难向金属氧化物内部扩散，反应进行得很慢。故主要靠 CO 还原锌。

沸点低于或接近于锌的沸点的其他金属亦会被还原出来，成为杂质，影响锌粉的质量。

还原锌过程需要大量的热，所以要消耗大量的电能。

8.2.2 混合炉料中焦炭的作用

焦炭用作含锌原料的还原剂以及作炉料的导电体和传热体，其类型、数量及粒度对电炉操作及效率有很大影响，并且在一定功率和操作电流下，影响着三相电极的位置。

焦炭粒度的大小，直接影响炉内反应接触面的大小。焦炭粒度过大，则反应接触面减小，反应不易完全，并可能造成剩余焦炭在炉内积存，增强炉料的导电能力，致使电极位置上移，炉气温度和粉尘量显著增加，恶化电极操作。相反，焦炭粒度减小，则焦炭的表面积增加，有利于反应趋于完全，亦能得到较高的电流，降低电极的消耗，又便于炉内过剩的焦炭从出渣口排出，减轻焦炭在电炉内的积存现象，有利于稳定操作。但是，焦炭的粒度过小，虽然能给生产带来好处，但却降低了焦炭破碎设备的生产能力，增加焦炭的细粉量，极容易吸入冷凝器中，造成产品质量降低，杂质含量增高。大部分厂对焦炭粒度要求控制在 10~40mm 之间。

焦炭的用量对电炉中的反应有很大影响。焦炭用量大，更多地造成还原气氛，有利于含锌物料中的氧化锌还原出来。但焦炭过多将增强炉料的导电能力，恶化电极操作，造成电极位置升高，出渣困难。而焦炭量不足，则不利于氧化锌的还原，也势必造成从石墨电极中夺取碳而增加电极的消耗量，同时也造成从炉底炉壁的衬里碳砖中夺取碳而使炉体烧穿，影响电炉的寿命。一般焦炭用量应稍大于理论计算用量。

8.2.3 混合炉料中石灰的作用

炉料中氧化钙能加快还原反应的进行，生成熔点低、流动性好的炉渣便于从出渣口排出，使电炉能够连续运转。

炉渣的熔点决定于炉渣中 $MgO+CaO$ 和 $SiO_2+Fe_2O_3$ 的重量百分比值（称为碱度比）。碱度过大，易形成泡沫渣，同进炉渣的副反应就增多，增加电耗，对电炉的炭素砖侵蚀也大。加入石灰，能改善渣型，减少泡沫渣的生成，有利于出渣，实际采用碱度比为 1.1~1.2 来生产较适宜。过多的氧化钙会与过量焦炭起反应生成电石：

$$CaO + 3C = CaC_2 + CO\uparrow$$

生成的 CaC_2（电石）存在于炉内，既使出渣困难，又可能在出渣时，电石随着灼热的炉渣一起冲击，遇水后而引起空气爆炸。

8.3 生产工序及工艺流程

8.3.1 工艺流程概述

供料工序按照厂部下达的配料比，将各种原料——锌焙砂、熔铸渣等含锌物料，焦炭，石灰等经计量后，用小车送入烘干炉。原料在600℃温度下（注意：焦炭不能着火），除去其中多余的水分，使出烘干炉的物料含水量小于0.4%。

经烘干的原料经混合均匀后，用电动葫芦吊至料架上，由螺旋给料机定时定量将原料加入电炉内。原料在电炉内经三相电弧打弧燃烧产生的1200℃高温下，含锌物料中的ZnO被CO和C所还原，生成锌蒸气。由于电炉内所产生的高温炉气，体积膨胀，压力大于后部冷却系统的气压，系统形成正压，所以系统不用引风机亦能使炉气顺利地进入后部的冷却系统。

电炉出来的高温含锌炉气，先后进入冷却器、第一惯性收尘器、第二惯性收尘器。由于冷凝降温及重力的作用，电炉气中的锌粉被捕集下来，用小车装粉送至筛分机，经178μm筛子筛分后，筛下物经计量装入铁桶而成为成品，筛余物则返回电炉作二次冶炼回收。

最后电炉气经布袋除尘器，收集细微的锌粉，使炉气达标后排入大气中。

8.3.2 供料工序

8.3.2.1 任务要求

本工序的主要任务是提供给电炉生产所需要的一定配比、一定水分含量的合格炉料。

8.3.2.2 供料工序工艺流程

按照厂部下达的配比要求，将各种锌物料、焦炭、石灰等原料，经小车计量后，加入烘干炉内。

烘干炉的热源由煤燃烧室提供。

各种原料在炉内600℃高温烘焙下（注意：焦炭不能着火），水分被蒸发出来，要求物料最终含水量不大于0.4%。

烘干后的物料按配比混合均匀后，装入料桶，用电动葫芦吊至料架上的下料桶，送入螺旋给料机，定时定量向电炉供料。

8.3.2.3 配料要求

基准：1000kg 锌为基准；

配料比：Zn：C：CaO＝1000：205：92。

8.3.3 炉面工序

8.3.3.1 任务要求

本工序的主要任务是把合格炉料和电能输入电炉内，通过电能变为热能，使炉料中的含锌物质（ZnO）与焦炭、一氧化碳起反应还原出锌，产生含锌蒸气的高温电炉气。

8.3.3.2 炉面工艺流程

炉面工序所需的合格炉料由螺旋给料机定时定量供给，所需的热量由三相石墨电极把三相交流电能通过打弧变为热能来供给。

在助熔剂石灰的存在及1200℃高温下，焦炭、一氧化碳还原ZnO，生成高温的含锌蒸气的电炉气。在压力差的作用下，电炉气出电炉而进入炉气冷却收尘系统。

8.3.4 炉前工序

8.3.4.1 任务要求

本工序的主要任务是定期排出电炉内的炉渣，以保证电炉生产连续进行。

8.3.4.2 工艺流程

当炉内渣位超过出渣口20~25cm 时，应该把炉内渣排出，以保证电炉能连续进行生产。

出渣前一班下料分4~5 次投完，并保证提前2h 下完料；出渣后的第一班下料应分5~6次投完，待下一班生产时按正常生产分7 次投完。出渣前要清理排渣槽并检查水泵。出渣时，应切断电源，用钢钎打穿出渣口，让炉渣流出。炉渣流完后，用耐火泥堵上出渣口。

8.3.5 冷却收尘工序

8.3.5.1 任务要求

本工序的主要任务是冷却电炉炉气，收集电炉锌粉，筛分包装成品电炉锌粉。

8.3.5.2　工艺流程

出电炉的高温含锌炉气，依次进入冷却器、人字管、第一惯性收尘器、第二惯性收尘器，通过热交换和重力的作用，捕集炉气中的锌粉。定期取出各器中锌粉，待冷却至40℃以下，通过178μm筛分机筛分，筛下物为电炉锌粉，装入桶内；筛余物返回电炉二次冶炼回收。

8.3.6　尾气工序

8.3.6.1　任务要求

本工序的主要任务是利用布袋收尘器收集细微的锌粉，过滤后炉气（主要含CO）经烟囱排入大气中。

8.3.6.2　工艺流程

由第二惯性收尘器来的电炉气，沿夹带有少量的细微锌粉，必须再经过布袋除尘器进一步捕集，然后废气才从烟囱排入大气中。

8.3.7　冷却水工序

电炉法生产锌粉工艺中所用的水作为电炉炉壁冷却水套、冷凝器水管中的冷却水，没有其他杂质渗入，不成为污水，故不需要加以处理，有条件的话也可循环使用，减少用水量。

8.4　正常工艺条件

电炉法生产锌粉的正常工艺条件见表8-1。

表8-1　电炉锌粉工艺条件

工序	指标名称	温度/℃	电流/A	电压/V	备　注
供料	配料比				Zn∶C∶CaO = 1000∶205∶92
	烘干温度	600			
	干物料含水量				<0.4%
炉面	一次电压			10000	
	一次电流		34.64		
	二次电压			90~110	
	二次电流		3149~3849		
	炉内温度	1200			
	炉壁水箱水温	<90			
	炉顶温度	1000			
	炉气出口温度	1200			
	电极升降行程				45~100cm

续表 8-1

工序	指 标 名 称	温度/℃	电流/A	电压/V	备 注
出渣	放渣时渣位				高于出渣口 20~25cm
	两次出渣间隔时间				1~2d
冷却收尘	冷凝器水温度	(进水) 20			
	第一惯性收尘器水温	(进水) 20			
	第二惯性收尘器水温	(进水) 20			
	筛分细度				过 178μm 筛
尾气	布袋进口温度	120			
	布袋出口温度	120			
	废气成分				CO

8.5 生产控制

电炉锌粉生产过程中的控制见表 8-2。

表 8-2 生产控制要求

工序	控 制 项 目	控 制 频 次	控 制 指 标	分析方法	控制者
供料	配料比	每班一次	原料 Zn 不小于 67%，C 大于 80%，CaO 大于 90%		配料工
	烘干物料量				配料工
	烘干温度				配料工
	烘干物料含水量		低于 0.4%		配料工
	螺旋机下料量				配料工
炉面	二次电压		90~110V		电炉工
	二次电流		3194~3849A		电炉工
	电极升降行程		45~100cm		电炉工
	炉内温度		1200℃		电炉工
	炉顶温度		1000℃		电炉工
	炉气出口温度		1200℃		电炉工
	炉壁水箱水温		<90℃		电炉工
炉前	出渣渣位		超过渣口 20~25cm	探渣	炉前工
	出渣间隔时间	1~2 天一次			炉前工
	炉渣含锌量				
冷却收尘	冷凝器水温		进水 20℃		
	冷凝器出粉	每小时一次			
	一惯器水温		进水 20℃		
	一惯器出粉	每 4h 一次			
	二惯器水温		进水 20℃		
	二惯器出粉	每 4h 一次			
	电炉锌粉质量	每班一次	Zn 不小于 88%	化验	化验员
尾气	尾气布袋收尘	每班一次			取料工
	进布袋炉气温度		120℃		取料工

8.6 排出物及其处理

(1) 废气。电炉生产的炉气，经过冷凝器、第一惯性收尘器、第二惯性收尘器收集锌粉，最后排出烟气经布袋捕尘后排入天空。

(2) 废渣。由于采用锌焙砂和熔铸渣作原料，废渣量较少，渣的主要成分是煤渣，可作填路或制砖用。

(3) 废水。本生产过程所用水为炉壁冷却水套的冷却水，无杂质渗入，故不需要加以处理。可采用循环用水，减少用水量。

8.7 安全生产的基本原则

(1) 工作时必须穿戴劳动保护用品，操作电器设备必须穿戴好绝缘防护用品。

(2) 楼梯要有扶手，平台要有栏杆。

(3) 对所有钢结构的平台、楼梯、屋架要定期检查是否牢固可靠，定期作防腐处理。

(4) 所有电器设备都必须可靠接地。

(5) 备料行车和电动葫芦在吊物料时，吊物下面严禁站人。

(6) 电炉在下料时，应先检查炉顶送料系统是否有障碍物；如果有，要打通后方能下料。在打下料包时，要注意冲火，以免伤人。严禁伸头从下料口往炉内看。

(7) 出粉前应先将烟管、人字管清理好，在出粉过程中不准调整电流。

(8) 更换和加接电极时，要停电操作，炉顶要放好防塌木板。

(9) 不加料、不出渣、不加电极时，电炉顶和渣口严禁站人。

(10) 放渣前首先开冲渣水，渣槽内保持干燥、畅通无阻碍物，附近严禁存放易燃物品。在打开渣口时，扶钢钎的人和打锤人不得在同一方向，扶钎人要戴手套，而打锤人不得戴厚手套打锤。当渣放出时，渣槽附近及水池边严禁站人，防止渣爆伤人。

(11) 炉壁水套及冷却水管必须保持长流水，且水温不得超过90℃。

(12) 打炉喉时，拉开冷却器时要迅速、安全，注意冲火和放炮。

(13) 冷却器防爆孔破裂时，应立即拉出冷却器，重新换上纸片封好，严禁在未拉开冷却器时进行作业。如果耙粉杆折断，应把安全闸板闸好后，方能更换耙杆。

(14) 锌粉仓库和筛粉房严禁烟火，锌粉温度超过40℃和正在燃烧的粉不能筛。

(15) 装卸和筛粉时，必须戴防尘口罩，工作完毕要进行洗漱。

(16) 严禁变压器超负荷使用，如变压器声音异常，应立即通知电工检查，待处理好后方能使用。

(17) 转动设备进行修理时，必须先停车，再拉下电门开关，切断电源，并在电门开关上挂“有人修理，严禁合闸”的警告牌，然后才能进行修理。

(18) 颚式破碎机用皮带传动设备上的皮带轮必须有防护罩。

(19) 筛粉房电器开关上必须有防尘罩。

(20) 遇到炉子严重漏水、漏渣、失火、放炮等，危及操作人员人身安全时，应立即切断电源，向厂级领导报告。

(21) 耙粉不能耙得过满，发现粉箱内着火后应立即用锌砂盖好、封严，不得用水淋，但可以用干粉灭火器灭火。

（22）接班时，带班人要认真听取交班人的安全情况介绍和认真检查设备运行情况，发现有不安全的因素要及时提出，并请有关人员处理好后方能使用。

8.8 岗位操作

8.8.1 供料岗位

（1）备料：清除物料中的铁件、泥块等杂物，不合规格的物料按要求进行过筛和破碎处理，按配料单把各种物料认真过磅，然后用吊车吊至烘干炉顶，放入烘干炉内，进行焙烘。每班烘一炉，炉内温度在600℃左右，不准开炉门鼓风。每炉料翻料时要关上烟囱闸板，不准开鼓风机翻料。每炉料至少要翻料4次，保证出炉料水分在0.4%以下，认真记录耗煤量。

（2）拌料：将出炉料冷却后按配料单在铁板上拌匀。注意捡出大于进料规格的物料进行破碎，以免堵塞螺旋下料机。

（3）进料：把烘料匀筛后装入料桶，用行车吊到电炉架上，进行投料。投全料时，按每小时一次，分6~7次投完；放渣前，分4~5次，提前2h投完；放渣后，分5~6次投完。正常投料时电流降至1600A，投完料后将电流回升到2500A，一般不准超过2800A。如果下料口堵塞，应立即停机分闸，用人工通料口，畅通后方能继续投料。

8.8.2 炉面岗位

各水管保持长流水，炉壁水套温度保持在90℃以下。水温的高低用进水量调节；调节电流及电极的位置，维持三相电流平衡，以保证炉内的微正压，有利于出粉；如果水箱漏水，应停炉修理好后才能重新开炉生产。

8.8.3 炉前岗位

（1）渣位超过渣口20~25cm时应放渣。一般每隔1~2天放渣一次。放渣前一班与放渣后当班应减少50%的料投入炉内，并保证在放渣前2h下完料。

（2）先提起电极离开渣面，断电后再进行出渣工作。打渣口前，先检查冲渣水泵情况是否正常，以保证出渣安全。渣槽内要保持干燥，渣沟要畅通无阻，附近严禁堆放易燃物品。在打出渣口进，扶钎人与打锤人不得站在同一方向。

（3）放完渣后用耐泥堵好渣口，可投料进行生产，电流逐步升温到放渣前的电流，以防因渣层薄而烧坏炉底，下一班再按正常电流生产。

（4）如果需要清理炉喉，可在出渣后进行；在做好准备后，迅速安全松开人字管，拉开冷凝器。清理时，要一步一步向外耙，不得推向炉内引起冲火。清理完后再装好冷凝器、通电升温到正常生产电流时，进行正常生产。

8.8.4 出粉岗位

（1）冷凝器每小时出粉一次；第一惯性收尘器、第二惯性收尘器正常情况下，每4h出粉一次，出粉前先用木槌依次振击烟囱、第二惯性收尘器、第一惯性收尘器、人字管、冷凝器，保证系统畅通。

（2）出粉前，拉开出粉口闸板，用耙杆将粉耙入粉箱，耙满后，关牢闸板，并耙少量粉盖在闸板上，增加密封性。打开粉箱门板，用拉钩钩出粉箱，再用脚慢慢将空箱推进室内，关上门板。出粉时必须稳定电流，遇到粉中有火时可用锌砂盖封牢，出完粉及时通炉喉。

（3）将取出的粉认真过磅，冷却到40℃以下，通过178μm筛粉机筛粉，成品装包堆放好。

8.8.5 尾气岗位

每班打布袋两次。打布袋时，必须两个人在场，一人监护，一人操作，注意站在风口上方，防止CO中毒。

8.8.6 电炉的开炉

（1）正式开炉前，必须全面检查炉体、导电系统、运输系统是否符合要求。

（2）经检查无问题，才进行铺料。

（3）铺旧炉渣4t。

（4）石灰300kg和旧炉渣拌匀。

（5）准备焦炭300kg。

（6）按照升温表8-3烘炉。

表8-3 升温表

天数	温度达到/℃	天数	温度达到/℃
1~2	200~250	8	700~850
3	250~500	9	850
4	500保温	10	850
5	500	11	850~900
6	500~600	12	900~1000
7	600~700	13	1050探渣

注：1. 升温时温度差波动在±20℃。
2. 升温到850℃时，装上冷凝器。
3. 升温到1000℃，取出热电偶。
4. 探测渣位到20cm以上开始按配料单加料。

8.8.7 停炉

（1）停炉前4h停止加料。

（2）放出电炉渣，提起电极，切断电源。

（3）取出冷凝器存粉，使炉体自然冷却或加水冷却。

8.8.8 电极的安装

（1）更换新电极前，应先检查电极的螺纹是否完整洁净。

（2）将准备安装的电极用吊车吊到适当高度，对准两条电极螺纹口，使其缓慢靠拢，然后旋紧，再松动电极夹，用吊车将电极提到一定的高度时，再将电极夹旋紧。

8.8.9 高压开关柜

高压开关柜由隔离开关、油开关、电流互感器、断电器、保护装置、操作机构、指示仪表和外壳组成。设备额定电压为10kV，额定电流为40A，属于高压设备。

高压开关柜主要是供电炉变压器供电、停电之用。

8.8.9.1 合闸操作

（1）合闸前须检查变压器、开关柜上是否有物体，三相电极应提起，电表指示为零。

（2）先合隔离开关：用左手将隔离开关手柄上的机械锁拉开，用右手向上推开关手柄刻刀闸合到位，将机械锁拉入卡位，隔离开关合实。

（3）将合闸手柄拉出，顺时针压到合位，此时油开关合闸，变压器有电，高压柜上红灯亮、绿灯亮分闸盒指示牌显示“合”，合闸完毕。

8.8.9.2 分闸操作

（1）先将电炉三相电极提起。

（2）观察高压柜是否有电流，电流表无指示说明电极提起完毕。

（3）右手握住分闸手柄向逆时针方向指至分位，此时柜上红灯灭、绿灯亮，机构分电显示“分”，变压器停电。

（4）用左手拉开隔离开关的机械锁，用右手向下拉隔离开关的手柄，至隔离开关完全分开，手柄打至下方，机械锁将手柄锁上为止，至此高压分闸完毕。

（5）挂上“有人操作，严禁合闸”的警告牌，方可进行操作。

8.8.9.3 高压柜巡视内容

进入运行后，每班必须对设备进行巡检，其内容如下：

（1）从窥视孔检查油开关、油标、油位，油位不得低于油标的1/3。

（2）隔离开关的油开关上的瓷瓶是否有裂纹或爬电（有“吱”响声）。

（3）电流表指示是否灵活。

（4）各部接头有否发热变色现象。

（5）电度表是否转动。

8.8.9.4 高压开关柜安全规范

（1）进行合闸操作时，必须两人进行，严格遵守安全操作规程，穿戴好绝缘防护用品，技术较熟练的负责监护，技术较低的进行操作。操作人员重复指令一次，双方确认无误时，方可操作，操作完毕填好记录。

（2）操作者必须站在绝缘木板上，并戴好绝缘手套，穿好绝缘鞋。

（3）探视开关闸内部时，绝对不允许将开关闸的上下门打开，只能从窥视孔巡视。

（4）电炉正常生产，无异常变化，严禁任何人乱动高压闸上一切按钮。

（5）非操作人员严禁靠近开关闸。

（6）合闸时必须先合隔离开关，后合油开关，分闸时必须先分油开关，再分隔离开关，此操作顺序绝对不允许颠倒。

(7) 当班中发现重大事故的隐患，来不及报告，要断掉变压器电源时，一般按分闸顺序进行，紧急情况方可使用分闸按钮进行，绝对禁止未分油开关就去拉隔离开关。

8.8.10 电极升降控制台

8.8.10.1 用途

电极升降控制台主要用于控制电炉三相电极升降及进料，其上装有电极电流电压指示仪表。

8.8.10.2 操作方法

(1) 根据本控制台电极电流表上电流指示值大小，操作控制台上的控制开关手柄，对电极电流进行调节。

(2) 电极电流大于规定电流时，操作与该相电极相应的控制开关向上升方向扭动，电极上升，电流下降，当电流下降到规定值时，停下手柄，电极停升，电流停降。

(3) 电极电流小于规定电流时，操作与该相电极相应的控制开关向下降方向扭动，电极下降，电流上升，当电流上升到规定值时，打开手柄电极停降，电流停升。

(4) 本台上装有高压开关闸紧急分闸按钮，一旦发现变压器及其他设备有可能造成重大人身事故或设备事故，来不及到配电室分闸时，可用此按钮进行分闸。

(5) 本台左侧另装有电极升降用紧急停电开关，当电极升降控制失灵时，可拉开此开关，切断升降装置电源。

8.8.10.3 安全操作规则

(1) 操作电极升降时，必须看电极电流指示表指示值。

(2) 当电极升降不灵时，停止操作，断电后用手扳动电极钢丝绳转动灵活再操作。

(3) 当电极操作失控时，按 8.8.10.2 节中第（5）条处理。

(4) 变压器供、停电前必须先将电极提起，以免停、供电带负荷造成高压跳闸。

8.8.10.4 运行中的巡检

(1) 运行中，当料操作工必须按规定，定时抄录电极电流和电压，不得弄虚作假。

(2) 经常检查电极电流表指示的电流强度变化情况，根据电流变化情况调节电极的升降。

8.8.11 电炉变压器

8.8.11.1 用途

电炉变压器是电炉锌粉生产的关键设备，由该设备将高压小电流变为低压大电流供给电炉生产用。

8.8.11.2 技术指标

额定容量：600kVA。

额定电压：10000V/90～110A。

额定电流：3646A；

90V/3849A；

100V/3464A；

110V/3149A。

允许使用温度：85℃。

8.8.11.3 维护管理制度

（1）经常观察变压器上层油温，当温度达50℃以上时，应采取风冷或压负荷降温。

（2）每班不得少于4次（每2h一次）对变压器进行巡视并做好变压器电流、电压、温度记录。

巡视内容如下：

1）检查变压器温升，不得看温度表，要用手摸，有否突然升高。

2）检查变压器高低瓷瓶有无裂纹。

3）检查变压器油枕上油标油位，不得低于油标的1/3。

4）检查变压器油枕底部的吸湿器内硅胶是否由蓝色变白色（蓝色正常），全部变白说明潮湿，应报告有关部门处理。

5）在变压器低压侧听变压器的声音有无变化。

6）检查变压器有无漏油。

7）检查变压器互感器是否失灵。

（3）保持室内清洁卫生，每班不得少于一次打扫变压器卫生。

（4）将当班巡视情况及发现问题填写在原始记录表中，需要处理的及时向有关部门汇报。

8.8.11.4 安全规定

（1）巡视时，远离高压侧电缆，以免发生事故。

（2）观察油温表时，应用右手拿温度表，以免离高压瓷瓶太近。

（3）严禁超负荷使用，最高负荷在3400A。

（4）发现变压器有漏油、油标油位过低、声音不正常、瓷瓶有裂纹爬电、温度突然升高等情况应及时向电工及领导汇报及时处理。

8.8.12 行车

8.8.12.1 操作

（1）合上总电源，操作行车走、升降、左右行走电钮，到位嵌动停止按钮。

（2）操作完毕拉开总开关。

8.8.12.2 安全规程

（1）操作前必须用电笔验电，有漏电情况应停止操作，找电工处理。

(2) 操作时应穿绝缘鞋和戴干净不潮湿手套。
(3) 操作时，不可一手操作、另一手接触导电的金属体。
(4) 操作时，吊钩下不得有人，人未离开吊物下面不得操作。
(5) 行车行走时，注意两端头，不得开过终端限位，以防止破坏行车。
(6) 吊钩上开时，注意上升限位，不得上开过限，以免拉断钢丝绳。
(7) 操作完毕，拉开总电源。
(8) 非专职操作人员严禁操作行车。

8.8.13 筛粉机及进料机

8.8.13.1 筛粉机的操作

(1) 预筛粉时，先检查筛粉机用保险有无烧坏，正常时可按启动按钮，筛粉机工作。
(2) 筛粉完毕，按停机按钮，机停。
(3) 长期停机，应拉下保险。

8.8.13.2 安全规程

进料机开动发现机不转时，应立即停止，待查出原因并处理后再开。

习　题

8-1 简述电炉锌粉的工艺原理。
8-2 混合炉料中石灰的作用是什么？
8-3 在电炉锌粉车间工作的注意事项是什么？
8-4 电炉锌粉过程中排出物如何处理？

9 制　酸

来自电收尘的烟气中含大量的 SO_2，而在浸出、净化及电解工序中都用到大量的硫酸。目前，新建立的锌冶炼厂为了实现物料循环、降低成本，都在厂区建立硫酸制作车间。制酸主要有净化、转化、干吸和循环水四个工序。

9.1 净化工序

9.1.1 净化工序工艺

为了强化设备功能，提高净化效率，一般选择高效洗涤器进行烟气净化，利用传热系数高的稀酸板式换热器移走系统热量。此方式换热面积小，替代了庞大的传统冷却器，减少了占地，节省了投资，同时便于维修。

来自电收尘器约300℃的 SO_2 烟气从顶部进入高效洗涤器，与循环液逆流接触，烟气中的尘、砷、氟等杂质被洗到循环液中。这一过程在绝热状态下进行。出高效洗涤器烟气进入冷却塔，与经过稀酸板式换热器降温后的循环液逆向接触，进一步除尘降温，然后进入两级电除雾器除雾后去干燥塔。

高效洗涤器出来的循环液经稀酸脱气塔脱出 SO_2 气体后进入沉降槽，底流送往污水处理车间进一步处理。冷却塔出来的循环液，经稀酸板式换热器冷却后，再循环上塔喷淋。

净化后的 SO_2 烟气进入干燥塔，与塔顶喷淋下来的93%酸逆流接触，出塔烟气含水量达到 0.1g/m³，干燥后的 SO_2 烟气经鼓风机升压后送往转化工序。

净化工序工艺如图 9-1 所示。

9.1.2 净化工序工艺技术条件

净化工序的工艺技术条件如下：

湍冲塔出口温度	<65℃
冷却塔出口温度	<45℃
二级电除雾出口温度	<42℃
二级电除雾出口压力	≥-8kPa
湍冲塔逆喷管压力	90~120kPa
湍冲塔入口压力	≥-1.5kPa
湍冲塔循环槽液位	2~3m
冷却塔循环槽液位	1~1.8m
事故高位水槽液位	1.5~2m

9.1.3 净化工序设备及设备参数

某厂净化工序设备及参数见表 9-1。

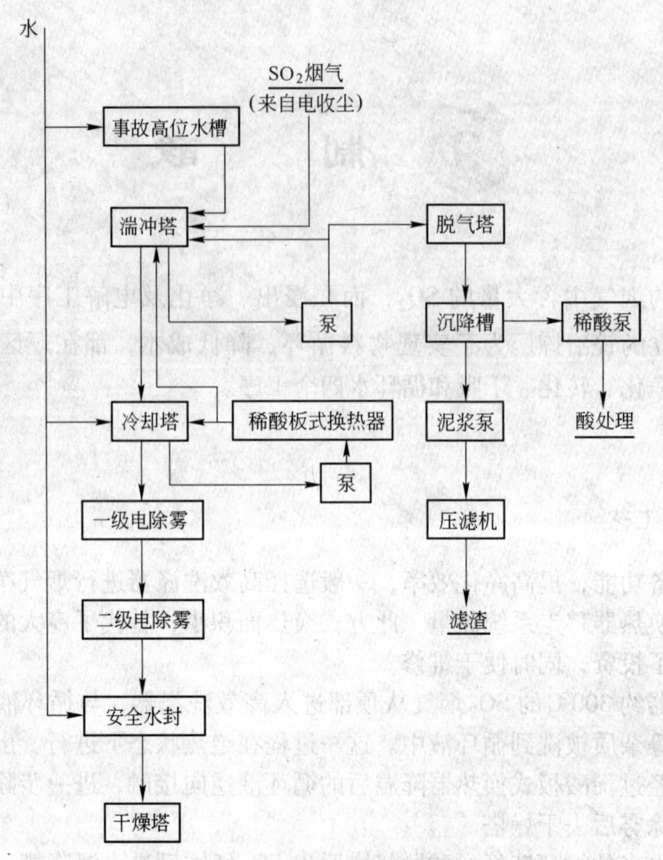

图 9-1　净化工序工艺图

表 9-1　某厂净化工序设备及参数

序号	设备名称	规格型号及参数	数量	备　注
1	湍冲塔	槽体 ϕ4000mm×11480mm 逆喷管 ϕ1450mm×14000mm	1	FRP
2	湍冲塔循环泵	400FUH-50-K1 $Q=1200m^3/h$ $H=35m$	2	电动机 $N=200kW$
3	冷却塔	ϕ5900mm×16620mm	1	内装填料
4	冷却塔循环泵	250UH-48 $H=20m$ $Q=500m^3/h$	2	电动机 $N=75kW$
5	一级电雾	SDDH-30	1	CFRP
6	二级电雾	SDDH-30	1	CFRP
7	安全水封	ϕ1300mm×2780mm	1	最大压力-10kPa
8	沉降槽	ϕ7000mm×5680mm	1	容积 $72m^3$
9	稀酸槽	ϕ4000mm×3000mm	1	
10	压滤机	$X^AZ40/1000-U^B$	1	$40m^2$

续表 9-1

序号	设备名称	规格型号及参数	数量	备注
11	泥浆泵	40FUH-50 $H=28$m $Q=25$m^3	2	电动机 $N=5.5$kW
12	稀酸泵	50FUH-50 $H=30$m $Q=20$m^3	2	电动机 $N=7.5$kW
13	事故高位槽	ϕ3500mm×3000mm	1	
14	稀酸板式换热器	$A=97.9$m^2	3	

9.1.4 净化工序操作

9.1.4.1 正常操作

(1) 随时检查湍冲塔、冷却塔进出口各点温度、压力变化情况，注意维持在指标范围内。

(2) 注意观察湍冲塔、冷却塔的水位，根据实际情况进行调节，经常留意高位水槽贮水情况，防止水源断水造成高位槽水位低而酿成净化设备烧毁事故。

(3) 经常检查安全水封水位，若水被抽走，应立即加水并检查原因。

9.1.4.2 净化开车操作

A 开泵操作

(1) 电工到达现场，经检查后确认电气设备完好，再正向盘车 3~5 圈，上好安全罩。打开泵进口阀门，关闭出口阀门，合上电源，按现场开关启泵。

(2) 注意观察电动机的启动电流，慢慢打开出口阀门，调整流量。

(3) 运行时及时补水，根据稀酸浓度、含氟量、含砷量控制污酸排量。做好运行记录。

B 电除雾开车操作

(1) 开车前详细检查电加热是否完好，接地线是否齐全，排污管、清洗电除雾水管、水封等是否完善，照明、地板、栏杆等安全设施是否齐全。

(2) 检查送电设备与绝缘设备是否良好，一切准备就绪方可开车。

(3) 电加热提前 24h 送电，正式通气前 10min 左右电除雾开始送电（试送电前清洗电除雾，空试不得超过 15min），观察送电情况确认良好后打开烟气入口阀门通烟气，调整电流电压在最佳工作状态。

(4) 注意检查各点温度、压力变化情况，并做好记录。

9.1.4.3 停车操作

停车操作要坚守岗位，随时听候指挥人员指令，接到指令后，关闭烟气出入口阀门，停洗涤塔各泵，待 SO_2风机停止运行后，通知整流工电除雾停止送电。

9.1.4.4 故障处理

（1）泵打不上稀酸或流量较小而不能满足流量要求时，需倒备用泵。

（2）泵电动机滚珠轴承损坏、靠背轮不正、地脚螺丝松动等引起泵剧烈振动，需倒备用泵。

（3）遇外部断电，首先要通知转化岗位、沸腾炉岗位，紧急停车，其次关闭各循环泵出口阀门，待来电后按正常开车顺序进行。

（4）电除雾跳闸并送不上电，先找电工确认是否是电器原因造成的，如果电器没有问题，需在系统内部查找原因。

（5）净化系统阻力波动较大，应查明原因及时处理，尽快使生产安全稳定地进行。

9.2 转化工序

9.2.1 转化工序工艺

干燥后的SO_2气体经SO_2鼓风机加压后，依次经第Ⅳ换热器壳程、第Ⅰ换热器及电炉预热至420℃左右进入转化器第一段催化剂层进行转化，经反应后，温度升至约600℃通过第Ⅰ换热器管程进行热交换。冷却后的反应气温度降至460℃左右进入转化器第二段催化剂层进行氧化反应。温度升高至约509℃后，通过第Ⅱ换热器管程降温至440℃，进入转化器第三段催化剂层进行氧化反应。温度升高到约463℃后，通过第Ⅲ换热器管程降温至430℃，进入转化器第四段催化剂层进行氧化反应，温度升高到约453℃后，依次通过第Ⅳ换热器管程和省煤器，温度降至约174℃，送至发烟硫酸吸收塔，用105.5%硫酸吸收其中SO_3，未被吸收的气体送至第一吸收塔，用98.5%硫酸吸收其中SO_3，未被吸收的气体通过塔顶的纤维除沫器，再依次经换热器管程、换热器壳程第Ⅱ换热器及电炉换热，气体被加热至420℃进入转化器第四段催化剂层进行氧化反应。温度升至约442℃通过第Ⅴ换热器壳程，反应气体被降温至约140℃进入第二吸收塔，塔内用98.5%硫酸吸收炉气中SO_3，尾气进入尾气吸收塔，然后经过烟囱放空。

为了调节各段催化剂层气体进口温度，设置了必要的副线和阀门。

为了开车时转化系统升温，设置了一段电加热预热炉和五段电加热预热器。

转化工序的主要化学反应为

$$SO_2 + 1/2O_2 \longrightarrow SO_3$$

其工艺如图9-2所示。

9.2.2 转化工序工艺技术条件

转化工序工艺技术条件如下：

一层触媒入口温度	420～430℃
一层出口	≤620℃
二层触媒入口温度	450～480℃
三层触媒入口温度	430～455℃
四层触媒入口温度	410～430℃

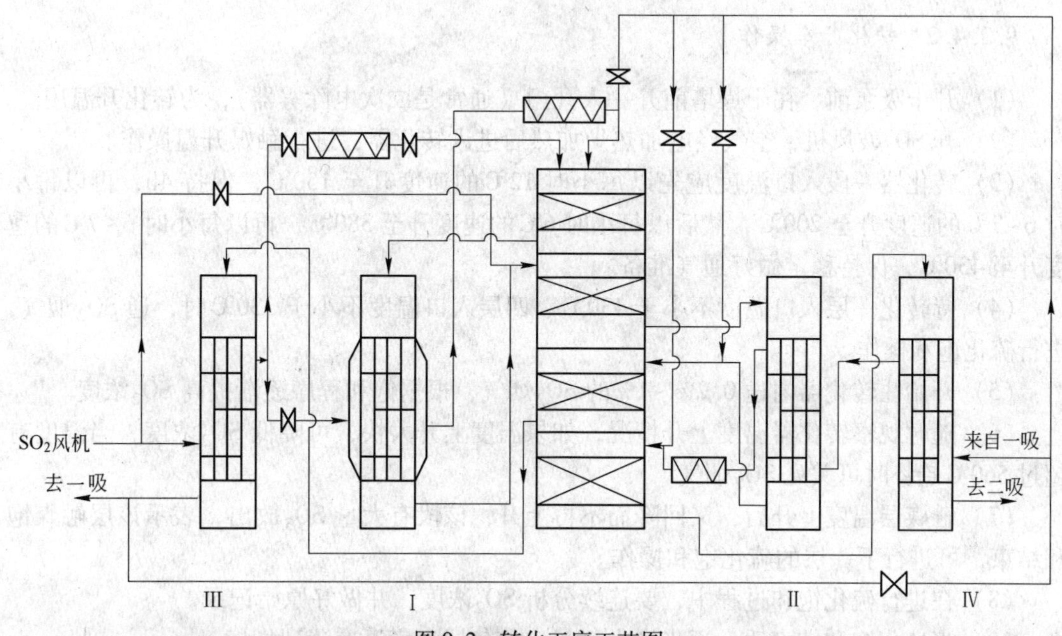

图 9-2 转化工序工艺图

9.2.3 转化工序设备及参数

某厂转化工序设备及参数如表 9-2 所示。

表 9-2 某厂转化工序设备及参数

序号	设备名称	规格/mm	数量	备注
1	转化器	ϕ9024×16000	1	内装触媒 146m^3
2	Ⅰ换热器	ϕ3900×7670	1	894m^2
3	Ⅱ换热器	ϕ3900×7450	1	1090m^2
4	Ⅲ换热器	ϕ3900×57940	1	3239m^2
5	Ⅳ换热器	ϕ3900×11950	1	2882m^2
6	一、二转电加热炉	4340×1698×1898	2	N=1000kW
7	一段、五段电加热炉	5520×1880×2080	2	N=2000kW

9.2.4 转化工序操作

9.2.4.1 正常操作

(1) 与焙烧岗位联系，维持进入转化器的 SO_2浓度稳定，调整好负压。

(2) 随时调整各层副线冷激阀门开度，控制各层温度在正常指标范围内，以获得最高转化率。

(3) 每小时记录一次反应温度，发现异常及时汇报并与司炉岗位加强联系。

9.2.4.2　转化开车操作

（1）开干吸泵前，在干燥塔前开一人孔门（通常是二次电除雾器），为转化升温用。

（2）开 SO_2鼓风机，空气经电加热炉加热后进入转化器，进行触媒升温操作。

（3）转化器一段入口温度应先以每小时 12℃的速度升至 150℃，保持 4h，再以每小时 6~7℃的速度升至 200℃，然后以每小时 6℃的速度升至 380℃，再以每小时 6~7℃的速度升至 430℃，保持稳定做好通气准备。

（4）待转化一层入口温度不小于 430℃、四层入口温度不小于 330℃时，通 SO_2烟气，进行硫化饱和操作。

（5）开始往转化器内送 0.2%~1%的 SO_2烟气，根据饱和程序逐渐提高 SO_2浓度。

（6）随时观察转化器温度上升情况，如果温度上升太快，可降低 SO_2浓度，当温度有超过 560℃趋势时可关死 SO_2烟气。

（7）触媒层温度上升后，又回降而不再上升，该段有大量 SO_3放出，表示该层触媒饱和结束，可进行下一层的硫化饱和操作。

（8）在进行硫化饱和过程中，要连续分析 SO_2浓度，并做好原始记录。

（9）当硫化饱和结束后，逐步增大气量，使各层温度迅速达到指标。

（10）逐步调节转化器各旁路阀，调节气量，调节 SO_2浓度和加热炉的开停。

（11）把转化器各层温度控制在指标范围内，转入正常生产。

9.2.4.3　停车操作

（1）短期停车时，停车前 1~2h 应适当提高转化器各触媒层温度，一段触媒出口温度最高不超过 620℃。

（2）短期停车时，停下鼓风机后，要立即关死各副线降温阀门。

（3）短期停车后再开车，应注意转化器各层温度，视情况开电加热炉，应避免气量过大、SO_2浓度过低使转化器温度急剧下降。

（4）长期停车时，提前 2h 开电加热炉，各段触媒层温度控制在 400℃以上，出口温度控制在 600℃以下，进行吹除操作。

（5）当转化器四层出口 SO_3含量经测定不大于 0.03%时，即可停止热风吹除而改用干燥的冷空气降温。

（6）适当增大气量，开启旁路阀门，温度降低速度每小时不超过 30℃，当一段触媒温度达到 80℃时，可以停止降温，做好记录。

9.2.4.4　故障处理

（1）SO_2风机突然跳闸时，及时与焙烧岗位取得联系，将事故排空烟囱阀门打开，同时将来自净化烟气阀门关闭，及时与相关岗位取得联系，并采取相应措施，防止酸浓过低或电除雾空载。

（2）发现 SO_2 浓度突然下降，应立即关闭各层副线开关，并通知有关部门查找原因。如果 SO_2 浓度过低，温度继续下降，不能维持转化反应热平衡，可开启电加炉补充热量，待温度回升并稳定后，即转入正常操作。

9.3 干吸工序

9.3.1 干吸工序工艺

自净化工段来的炉气以空气调节SO_2浓度至7.5%~8%后进入干燥塔，经喷淋的93%~94%硫酸干燥使水分降至（标态）0.1g/m^3，并经塔顶丝网除沫器除去酸沫后进入转化工段。

干燥塔内吸收水分后的硫酸流入循环槽，以一吸塔循环酸系统进入的98%硫酸维持其浓度，以循环酸泵送入干燥塔酸冷却器，冷却降温后入干燥塔喷淋。增多的93%~94%硫酸进入一吸塔循环槽。

来自转化工段的第一次转化气一部分进入发烟硫酸吸收塔，吸收大部分SO_3进入一吸塔，一部分直接进入一吸塔，吸收SO_3的炉气经塔顶丝网除沫器除去酸沫后，返回转化二段进行第二次转化。

发烟硫酸吸收塔以104.5%发烟硫酸喷淋，吸收SO_2浓度升高后的发烟硫酸进入循环槽由一吸塔系统进来的98%酸调节其浓度，以循环泵送入酸冷却器冷却降温后入吸收塔喷淋，生成104.5%发烟硫酸产品进入成品工段。

第一吸收塔以98%硫酸喷淋，吸收SO_3浓度升高后的硫酸流入循环槽，配入干燥塔循环系统进来的93%硫酸，并加水维持其浓度，以循环酸泵送入一吸塔酸冷却器冷却降温后入一吸塔喷淋。增多的98%硫酸一部分至干燥塔循环槽，一部分作为成品酸送入成品酸计量槽。

来自转化工段的第二次转化气进入第二吸收塔，吸收SO_3并经塔顶丝网除沫器除去酸沫后由烟囱放空。

第二吸收塔以98%硫酸喷淋，吸收SO_3浓度升高的硫酸流入循环槽，加入清水调节其浓度，以循环酸泵送入二吸塔酸冷却器冷却降温后入二吸塔喷淋。增多的98%硫酸进入一吸塔循环槽。

干吸工序工艺的主要化学反应式为：

$$SO_3 + H_2O = H_2SO_4$$

其工艺如图9-3所示。

9.3.2 干吸工序工艺技术条件

（1）干吸工序产品质量要求，见表9-3。

（2）进入干吸工序的工艺要求：

1）干燥塔入口含酸雾（标态）不大于0.005g/m^3；

2）含尘（标态）不大于0.005g/m^3。

（3）干燥塔循环酸浓度93.0%~96.0%。

（4）进塔烟气温度不大于45℃。

（5）喷淋密度不小于12m^3/(m^2·h)。

（6）出塔气体含水（标态）不大于0.1g/m^3。

（7）入塔气体温度不大于245℃。

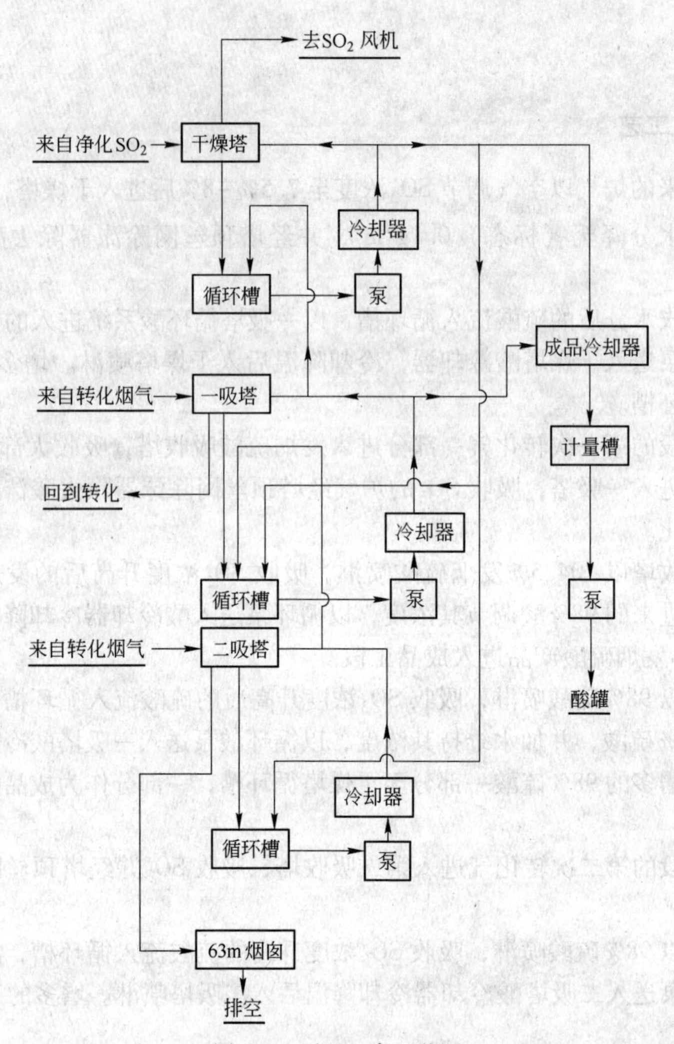

图 9-3　干吸工序工艺图

表 9-3　干吸工序产品质量要求

品种和等级	硫酸含量（≥）/%	灰分（≤）/%	铁（≤）/%	砷（≤）/%	铅（≤）/%	透明度（≥）/mm	色度（≤）/mL
优等品（浓酸）	92.5~93.5 或 98.2~98.7	0.030	0.009	0.0001	0.01	50	2.0
一等品（浓酸）		0.030	0.009	0.0001		50	
合格品（浓酸）		0.09					

（8）循环酸浓度 98.0%~99%。

（9）喷淋密度不小于 $12m^3/(m^2 \cdot h)$。

（10）吸收率不小于 99.95%。

（11）干燥塔阳极保护电位(100±10)mV。

（12）吸收塔阳极保护电位(200±10)mV。

9.3.3 转化工序设备及参数

某厂转化工序设备及参数见表9-4。

表9-4 某厂干吸工序设备及参数

序号	名 称	规 格	数 量	备 注
1	干吸塔体	ϕ5566mm×15709mm	3	内衬瓷砖
2	循环酸槽	ϕ2860/2600mm×7500mm	3	内衬瓷砖
3	脱气塔	ϕ1764mm×9170mm	1	内衬瓷砖
4	干吸循环泵	JHB600-30B $H=24$m $Q=540m^3/h$ $N=110$kW	6	
5	计量槽、地下槽	ϕ4000/3730mm×2200mm	2	内衬瓷砖
6	计量槽泵	JHB120-26 $Q=108m^3/h$ $H=26$m	4	$N=30$kW
7	干燥塔阳极保护冷却器	ϕ1300mm×6500mm	1	355m^2
8	一吸塔阳极保护冷却器	ϕ1000mm×6650mm	1	250m^2
9	二吸塔阳极保护冷却器	ϕ900mm×6500mm	1	170m^2
10	成品酸冷却器	ϕ400mm×7210mm	1	50m^2
11	硫酸储罐	ϕ16000mm×16000mm	4	
12	尾气烟囱	ϕ1420mm×8mm	1	$H=63$m

9.3.4 干吸工序操作

9.3.4.1 正常操作

（1）根据工艺技术指标，及时调节窜酸阀门，控制干燥和吸收酸浓度并保持稳定。

（2）循环槽酸液位应维持在一定范围内。

（3）根据工艺技术指标，经常注意干燥塔和吸收塔进口气体温度，发现异常时应及时与净化、转化岗位联系，查明原因并进行处理。

（4）随时观察尾气情况，如发现烟囱冒烟过大，应立即查明原因并进行处理。

（5）必须建立定时检查记录制度，每1h记录一次电流、控参电位、监参电位、输出电压及相应的酸浓、酸温、水的出口温度。干燥酸控参电位应显示100mV±10mV，吸收酸控参电位应显示200mV±10mV。

（6）每班定期检查是否漏酸，每2h检查一次冷却水的pH值。

9.3.4.2 干吸开车操作

（1）开车前检查电气设备，确认完好，循环槽液位满足开车要求。

（2）在启动 SO_2 风机前 1h 开启干燥塔循环泵，吸收塔循环泵亦可在风机开启后、转化器通炉气前开启。

（3）在干吸泵开启后，开启冷却水泵，根据酸温调节冷却水量。

（4）转化器升温过程中干燥塔酸浓度不能低于 91%，可通过窜入 98%硫酸或补充 98%硫酸的办法来维持干燥塔酸浓度。

（5）当采用 SO_2 烟气接触，转化生成 SO_3 后，注意观察酸浓度、酸温度以及液位的变化，及时适量地捣窜酸，并根据需要，及时产出硫酸产品。

9.3.4.3　停车操作

A　短期停车

（1）系统 SO_2 风机停止运行后，立即关死各加水阀、窜酸阀、产酸阀。

（2）停车前先降低各循环槽液位，杜绝停车冒酸，根据需要，停下某台酸泵，放尽冷却器或管道内的存酸，用清水冲洗后即可开始检修。

B　长期停车

（1）在系统 SO_2 风机停止运转后，立即关死各加水阀、产酸阀和窜酸阀，减少冷却水量，待整个工序停车完毕后停冷却水泵。

（2）在转化器吹除的过程中，干燥塔浓度下降可适当地补充 98%硫酸，保证浓度在 91%以上。

（3）转化降温结束后，停干吸各泵，打开各塔上部的人孔，检查分酸器各法兰等处是否漏酸和其他不正常情况。检查完毕后放出泵槽、管线及冷却器内的存酸。

（4）冬季长时间停车需降低循环酸浓度至 93%～95%。

9.3.4.4　故障处理

（1）遇外部断电或其他因素引起停车，需立即关死循环酸泵的出口阀，其次关死窜酸阀、产酸阀，待来电后依次开启干吸各泵。

（2）JHB 浓酸泵跳闸，不能开启时需倒换备用泵。

（3）冷却水突然中断，需立即与有关方面联系。若能在短时间内恢复，可以继续维持生产；若断水时间较长，循环酸上塔酸温已超过 75℃，则要通知转化岗位，系统减负荷或系统停车。

（4）发生漏酸。

1）根据现场情况，断绝酸的来源并抽尽漏酸设备内的存酸。

2）将漏酸现场围起来并设立“硫酸危险”的标志。

3）直接参与处理漏酸的人员，要穿戴好防酸衣裤、耐酸靴、橡胶手套、防护眼镜和安全防护罩等劳动保护用品。

4）对漏酸现场地面要用大量水冲洗，被稀释的硫酸应集中用石灰中和处理后排放。

（5）操作人员必须保证酸浓的相对稳定。严禁使用发烟硫酸或者低于 91%的硫酸，否则将破坏参比电极表面状态，使基准电位波动很大，从而导致控制系统失控。一旦出现这种情况应关闭仪器，待浓度正常后，重新启动。

（6）须保证冷却水量，注意冷却水的水温，并及时补充新水，把水侧阀门开到最大，若冷却后酸温过低，应通过酸侧进、出口管之间的旁路来调节，不允许用冷却水量的大小调节酸温。若出现电流突然增大或仪器失控等异常现象时，应立即检查酸浓、酸温是否发生变化。若酸浓下降或酸温升高，电流增大是正常的，此时应提高酸浓，降低酸温；若酸浓、酸温没有发生变化，而电流突然增大，可能是仪器失控，此时应通知技术人员。

9.4 循环水工序

9.4.1 循环水工序工艺指标

（1）水池液位高于3.5m时报警，停止加水；液位低于2m时加急联系补水（以贮水池液位计为准）。

（2）水质：pH值保持在6~8。

9.4.2 设备及参数要求

某厂循环水工序设备及参数见表9-5。

表9-5 某厂循环水工序设备及参数

序号	设备名称	规格参数	数量	备注
1	集水池	27000mm×9000mm×3500mm	1	$850m^3$
2	冷却水循环泵	$Q=1660m^3$ $H=48m$	3	配电机 $N=280kW$
3	L47逆流冷却塔	$Q=1660m^3/h$	3	配电机 $N=30kW$
4	全自动无阀过滤器	$Q=150m^3/h$	1	

9.4.3 循环水工序操作

9.4.3.1 正常操作

（1）根据冷却水的用量，循环泵开两台，备一台。

（2）根据温度需要开停凉水塔风车。

（3）每小时检测一次水质，pH值保持在6~8。

（4）每小时检查一次排污情况。

9.4.3.2 开车操作

（1）岗位工人与班长、调度及有关岗位联系好，严格检查贮水池液位是否在规定的范围内，设备管线阀门是否完好。

（2）找电工测试电动机，检查绝缘状况是否良好。

（3）正向盘车2~3圈。

（4）通知干吸、净化岗位做好准备，关好泵出口阀门，确认无误后，按开泵的操作程序开泵。逐步开出口阀门，调整水量、水压在指标内。

（5）水池液位下降时，及时补水，保证水位。开泵期间，每半小时巡检一次，每小时记录一次电流、水压、水温情况，发现异常及时处理。

9.4.3.3　停车操作

（1）接到停车指令后，班长组织做好准备，首先停止水池补水，降水池液位，以免停车时跑水。

（2）按停泵操作程序停泵，关好泵出口阀门。

习　题

9-1 烟气制酸的主要工序是什么？
9-2 冶炼厂为什么要将烟气制成酸？
9-3 在制酸操作时，有哪些注意事项？
9-4 什么情况下需要进行停车处理？
9-5 烟气中的主要成分是什么？

参 考 文 献

[1] 沙涛. 湿法炼锌“两段沉矾——铅银渣富集”工艺研究 [D]. 长沙：中南大学，2012.
[2] 罗超. 热酸浸出——铅黄铁矾法除铁工艺研究 [D]. 长沙：中南大学，2012.
[3] 刘志宏. 国内外锌冶炼技术的现状及发展动向 [J]. 世界有色金属. 2000，(01).
[4] 彭容秋. 锌冶金 [M]. 长沙：中南大学出版社，2005.
[5] 柯英. 锌冶炼论文全集 [M]. 北京典金大业广告传媒公司，2008.
[6] 编委会. 铅锌冶金学 [M]. 北京：科学出版社，2003.
[7] 张振举. 两段空气中氧化中和除砷锑在湿法炼锌中生产实践 [J]. 有色冶金，1984，(4)：1~4.
[8] 王鸿雁. 有色金属冶金 [M]. 北京：化学工业出版社，2010.
[9] 李明照. 有色金属冶金工艺 [M]. 北京：化学工业出版社，2010.
[10] 方兆珩. 浸出 [M]. 北京：冶金工业出版社，2007.
[11] 陈利生. 湿法冶金——电解技术 [M]. 北京：冶金工业出版社，2011.
[12] 唐谟堂. 湿法冶金设备 [M]. 长沙：中南大学出版社，2004.